国家社会科学基金项目“跨界环境风险全过程管理机制研究”（编号：17BZZ046）

跨域生态环境风险全过程治理机制研究

贾先文◎著

Research on the Whole Process Governance Mechanism of Cross-domain Ecological and Environmental Risk

中国社会科学出版社

图书在版编目（CIP）数据

跨域生态环境风险全过程治理机制研究 / 贾先文著.
北京：中国社会科学出版社，2024. 12. -- ISBN 978-7-5227-4500-8

Ⅰ. X321.2

中国国家版本馆 CIP 数据核字第 2024352MD6 号

出 版 人	赵剑英
责任编辑	任睿明　刘晓红
责任校对	周晓东
责任印制	戴　宽
出　　版	中国社会科学出版社
社　　址	北京鼓楼西大街甲 158 号
邮　　编	100720
网　　址	http://www.csspw.cn
发 行 部	010-84083685
门 市 部	010-84029450
经　　销	新华书店及其他书店
印　　刷	北京君升印刷有限公司
装　　订	廊坊市广阳区广增装订厂
版　　次	2024 年 12 月第 1 版
印　　次	2024 年 12 月第 1 次印刷
开　　本	710×1000　1/16
印　　张	11.5
字　　数	163 千字
定　　价	66.00 元

凡购买中国社会科学出版社图书，如有质量问题请与本社营销中心联系调换
电话：010-84083683

序

一

两个或两个以上省份的交界区偏离经济政治文化中心，生态环境管制相对较松，生态环境防治措施相对较弱，若干相互无隶属关系的政府很难达成共同采取生态环境风险管控的共识，更难采取集体行动；加上政绩考核主体和信息来源渠道不同，甚至难以开展生态环境风险预警和预防合作，所以这些地区生态环境风险更易发生，也更易升级，进而极易成为“污染避难所”和恶性群体事件发生地。因此，在跨域生态环境风险治理中强化行政区之间的合作，遏制跨域生态环境风险的发生，成为一个亟待解决的重大课题。

跨域生态环境风险的防范和治理是国家环境治理的重要组成部分。构建跨域生态环境风险全过程治理机制，推进跨域生态环境风险治理协同联动，是遏制跨域生态环境风险发生的基本思路和重要手段。为了强化跨域生态环境污染等应急事件的防范或治理合作，美国联邦政府通过立法认同各州签署的《州际应急管理互助协议》（EMAC）欧盟为流域治理成立了跨域防治委员会，并建立了跨域协同防治体系；日本成立了类似的协调机构和治理机制。中国也在探索跨域生态环境治理合作的体制机制。最为典型的是“长三角”“泛珠三角”“京津冀”地区以协作工作会议、行政首长联席会议等方式推动生态环境治理合作。湘渝黔边“锰三角”地区也为推动跨域生态环境治理建立了跨域联动机制。

跨域生态环境风险全过程管控体系，是一个由多个流程、多种要素共同组成，且能在循环运行的过程中改进和提升生态环境风险管控效能的管理体系。其最主要的特点是跨行政区和包括事前、事中、事后管理的全过程。其中，事前管理包括各行政区合作开展生态环境风险治理规划和应急预案的制定、风险源的控制与管理、风险受体的调查、风险的预警等，事中管理包括各行政区合作开展生态环境风险的评估、应急预案的启动、生态环境治理效果的监测等，事后管理包括各行政区合作开展生态环境风险治理的评估、生态环境风险应急预案的更新等。

跨域生态环境风险治理体系具有以下几个特点：一是把生态环境风险治理视作一个系统；二是系统中的各个流程和各种要素的运行均有回路且有平衡点；三是通过信息输入、输出和评估、反馈，改进和提升生态环境风险的治理策略、治理模式和治理效果。

二

跨域生态环境风险治理是一个难以解决又亟待解决的课题。贾先文教授针对这一问题，运用整体性治理理论、协同治理理论、风险治理理论、跨域治理理论、集体行动理论，构建了跨域生态环境风险全过程治理的研究框架，建立了跨域生态环境风险全过程治理模型，设计了跨域生态环境风险全过程治理制度体系，为深化中国跨域生态环境风险全过程治理研究做出了有益的探索。

贾先文教授在这个领域开展的主要工作是：介绍中国跨域生态环境风险全过程治理的背景，界定核心概念。在文献检索和现状调查的基础上提出需要研究的科学问题，论述研究的思路和框架。提出需要研究的具体内容：阐述跨域生态环境风险全过程治理的理论和现实依据，剖析跨域生态环境风险全过程治理的机理，建立跨域生态环境风险全过程治理机制模型，总结跨域生态环境风险全过程治理的策略体系，构建跨域生态环境风险全过程治理的制度体系。

贾先文教授在这个领域的主要贡献是：综合运用系统分析法、比较研究法、文献研究法、调查研究法与案例研究法等研究方法，系统提出中国跨域生态环境风险全过程治理机制。运用系统分析方法，论述跨域生态环境风险过程治理的各个主体及各个子系统之间的关系，构建了一个跨越时空与领域全天候闭环生态环境风险全过程治理机制，并据此设计跨域生态环境风险治理制度体系。运用比较研究方法，总结了发达国家和地区跨域生态环境风险治理的共同点和可供借鉴的经验，利用中国的制度优势并结合中国现实，构建了一个跨域生态环境风险全过程治理的新机制。运用案例研究法与调查研究法，对湘渝黔边“锰三角”、“长三角”及湘鄂交界区洞庭湖生态经济区等行政交界区开展调查研究。

具体地说，贾先文教授界定了跨域生态环境风险全过程治理的核心概念，在此基础上提出了“为什么”要实行跨域生态环境风险全过程治理机制的研究框架及技术路线。采用实地调研法、案例分析法，剖析中国跨域生态环境风险特性，开展跨域生态环境风险全过程治理的机理，探究中国跨域生态环境合作治理的动因，分析跨域生态环境风险治理的合作状况，合作治理平台的搭建，合作治理中国家推动力，地方联动力和公众参与力的作用，评估了跨域生态环境风险全过程治理的成效和问题。从实践层面回答“为什么”要构建跨域生态环境风险全过程治理机制问题。借鉴国内外闭环管理运作机制模型，构建跨域生态环境风险全过程闭环管理运行机制模型，以解决碎片化治理不合乎整体性治理的要求、单一行政主导治理不合乎多主体协同治理的要求、分阶段治理不合乎全过程治理的要求、治理系统不合乎动态优化治理的要求等问题。构建了一个跨域生态环境风险全天候全过程闭环管理机制，从时间维度回答“怎么做”才能解决跨域生态环境风险全过程闭环治理的问题。

贾先文教授指出，跨域生态环境风险全过程闭环管理是一个复杂系统，也是一个动态优化的治理过程。为了防范“断点”对这个完整的、具有多个回路的复杂系统的干扰，需要构建一个涵盖事前预防、事中响应和事后修复的断点或风险防范机制，使该系统的运作维持在一个平衡点上，并根据运作中的信息评估和反馈对系统做出改进和升级，不断增强全过程一体化治理的效应。贾先文教授认为，中国在跨域生态环境风险管控的经验是：加强部门融合，发挥整体化效应；注重过程管理，发挥一体化效应；创新管理模式，提高治理效率；嵌入现代技术，提高治理能力。

贾先文教授为分析政府部门、私人部门、第三部门和居民在各尽所能基础上相互支持、密切配合的多主体合作治理体制和集中式治理、分散式治理、混合式治理融为一体的多方式治理机制，在实现纵横联动、协同治理行动和突破时空局限中的作用，构建了一个可以从空间维度分析多主体协同互补效应、空间配合效应和全过程一体化效应的跨域生态环境风险全过程治理总模型。

贾先文教授把制度植入跨域生态环境风险全过程治理体系之中，构建了包括治理主体体系、治理技术体系、治理能力体系和治理政策体系的跨域生态环境风险全过程治理制度体系，将源头预防、过程控制、后果分担的制度保障落到了实处。

贾先文教授指出，做好跨域生态环境风险管控还要做好下列工作：一是培育公民社会，拓展公众参与机会，提高公众参与能力和公众参与组织化程度，建立健全跨域生态环境风险全过程治理全民行动体系。二是发育跨域生态环境风险全过程治理市场，培育跨域生态环境市场主体，发挥市场在跨域生态环境风险全过程治理中的基础性作用。三是健全社区生态环境网格化监管体系，强化社区道德舆论和声誉机制，重拾社区信任与规范机制，重塑社区生态环境治理体系，提升社区生态环境。四是加大环境科学研究力度，进行突破关键技术“瓶颈”的创新；将科技嵌入跨域生态环境治理全过程，提高防治技术含量。五是优化环境科技企业的财政补贴和减税措施，培育科技产业，完善跨域生态环境风险全过程治理科技体系。

贾先文教授指出，要提高跨域生态环境风险全过程治理效率，必须培育跨域生态环境风险全过程治理的能力体系。一是包括生态环境风险源的管控能力、评估能力、预警能力和防范能力的跨域生态环境风险预警预防能力体系。二是包括监测评价能力、迅速响应能力、策略协同能力、舆情掌控能力的跨域生态环境风险处置能力体系。三是包括生态环境风险评估能力、生态修复资金筹措能力、生态修复与生计改善统筹能力的跨域生态环境修复能力体系。四是包括法律法规体系、财税金融政策体系和保护标准体系的跨域生态环境风险全过程治理制度体系。

三

《跨域生态环境风险全过程治理机制研究》一书是贾先文教授对他多年研究的一个总结。该书从时间维度构建了跨域生态环境风险全过程治理的运行模型，从空间维度探究了跨域生态环境风险全过程治理的实现机制，从制度维度提出相关制度体系框架，构筑了跨越时空与领域的生态环境风险全过程治理制度体系。贾先文教授也对尚需深化的研究做了展望：一是建立跨域生态环境风险全过程治理共同体，实现全流域治理和全生命周期管控。二是利用中国制度优势，构建体制机制，实现跨域生态环境风险全过程治理体系与治理能力现代化。三是开展跨域合作和全过程治理，促进高质量发展，回应人民日益增长的美好生态环境的需求。

该书中值得重视的观点可概括如下：一是中国跨域生态环境风险全过程治理存在治理碎片化和轻事前防范、重事后补救的问题。二是中国总体上已进入工业化后期，基本上具备了建立较为完善的跨行政区合作防治体系，健全一体化的跨域协同防治体系的条件。三是跨域生态环境风险全过程治理要构建全过程闭环管理机制，从时间维度推动全天候全过程治理。四是要构建全过程一体化治理机制，从空间维度推动跨域全过程一体化治理。五是要构建跨域生态环境风险全过程治理制度体系，将制度体系植入跨域生态环境风险全过程治理体系中。

从学术上看，该书拓宽了跨域生态环境风险管理研究视野，开创了跨域生态环境治理资源配置的新方式，丰富了跨域生态环境风险控制理论和治理理论，有助于丰富和深化公共服务配置效率理论和绩效理论的研究，开创跨域生态环境风险治理新方式，推动风险控制理论与新公共服务理论发展，有助于推动跨域生态环境风险全过程治理研究。从实践中看，该书中的研究成果可广泛应用于我国跨域生态环境风险治理，推动跨域尤其是省际合作联动，提高跨域生态环境治理效率，降低政策执行成本，为制定跨域生态环境风险治理政策提供依据。维护行政交界区的环境安全可持续发展。

该书是贾先文教授承接的国家社科基金项目的结题成果。贾先文教授承接的这项课题最终形成了10多万字的研究报告，并获得省内先进鉴定意见；撰写论文15篇，其中在CSSCI、CSCD和SSCI等来源期刊发表9篇；一个成果被相关部门采纳，一份咨政报告得到省部级领导批示。地方生态环境部门看到这些研究成果后专门向他咨询和讨论跨行政区生态环境治理问题。产生了较大的学术影响和社会影响。

该书视角独特，结构完整、观点新颖，具有重要的学术价值和应用价值，值得推介。金无足赤，该书也不例外。该书研究的问题尚有很多值得深化研究之处。好在贾先文教授的研究成果为其后续研究打下了良好的基础。相信贾先文教授能够百尺竿头更进一步，取得更加丰硕的成果。我是贾先文教授做博士后研究时的合作导师，尔后同他有学术上的交往和合作。读了他发给我的书稿后写下上述感想，是为序。

中国社会科学院农村发展研究所 李周

2024年8月4日

目　　录

第一章 绪论

中国处于生态环境风险高发期，尤其是生态环境风险的跨域性和跨域生态环境风险的整体性、叠加性和脆弱性，加之跨域合作瓶颈，导致跨域生态环境事件频发。管控不力，可导致风险不断升级：环境风险→生存风险→社会风险，乃至出现刑事案件和恶性群体事件，给国家、社会和公众带来巨大灾难。在实践中，长期轻事前防范、重事后响应与补救，致使跨域生态环境风险防不胜防。跨域生态环境风险全过程治理作为国家治理体系与治理能力的重要组成部分，得到了党和国家领导人的高度重视，习近平总书记强调“要把生态环境风险纳入常态化管理，系统构建全过程、多层级生态环境风险防范体系”（习近平，2019）。由此，推进跨域协同联动，重视各个环节，从风险源头着手，以道法自然、师法自然、顺应自然为原则，疏堵结合，构建跨域生态环境风险全过程治理机制，实现“无缝管理”，防止出现“真空”，是有效遏制跨域生态环境风险发生的基本思路和重要手段。

第一节 研究背景

中国目前处于生态环境风险的高发期，这与人民日益增长的美好生态环境需要相矛盾。为遏制生态环境风险，党和政府采取了一系列措施，制定了一系列政策，各行政区也开展了跨域生态环境合作共治，取得了巨大的成效，但形势不容乐观。

一　中国处于生态环境风险高发期

Grossman 和 Krueger（1995）等经济学家分析了环境质量与经济增长的关系，提出了“环境库兹涅茨曲线”（Environmental Kuznets Curve，EKC）假说，揭示了经济增长与环境质量存在倒“U”形关系。随着经济发展和收入增长，环境污染逐步恶化，经济发展到一定程度时，环境污染程度到达顶点（拐点），随后环境污染会逐步得到好转。Grossman 和 Krueger 及后来的学者解释道，生态环境污染程度取决于经济的规模效应、技术效应、结构效应相互间的作用。在工业化初期和中期，伴随工业规模扩大，经济规模效应大于技术效应与结构效应，由此环境质量随着经济增长而不断恶化；在工业化后期和后工业化时期，技术效应和结构效应超过规模效应，环境质量随着经济增长而逐步得到改善（安宇宏，2012）。对于 EKC，虽然学者通过实证研究，提出了倒“U”形、倒“N”形、正“N”形等各种关系，使所刻画出的 EKC 呈现多样化（高宏霞等，2012），但学术界基本赞同经济增长与环境质量关系及其大体趋势。

中国区域发展水平不一，但中国总体上已进入工业化后期（黄群慧，2017）。进入工业化后期意味着生态环境风险处于倒“U”形的爬坡过坎和达到拐点后呈下降的交汇期，近几年生态环境事件的数据也印证了这一点。但生态环境风险仍然处在高发期是无疑的。环境规划院张晓丽认为“（即使在）‘十四五’时期，中国仍将处于污染排放和环境风险的高峰期”。表 1-1 表明中国突发环境事件频发，2011—2021 年达到 4159 起，其中重大突发和较大突发环境事件就达 102 起（不包括 2018 年、2019 年和 2020 年，未获得相应数据）。虽然在国家严控严管背景下，2011—2021 年中国突发环境事件逐年递减，但数量仍较多，且重大和较大突发环境事件并不稳定。整体上，中国生态环境风险形势仍较为严峻。

而且，由于生态环境的整体性、叠加性和跨域性，一旦生态环境事件发生，将会波及多个行政区。近年来，暴发了多起突发环境污染事件，波及的范围之广、影响之大、危害之深往往超出常人的想象。

表 1-1　　　　2011—2021 年中国突发环境事件情况

年份	突发环境事件	特别重大突发环境事件	重大突发环境事件	较大突发环境事件	一般突发环境事件
2011	542	0	12	12	518
2012	542	0	5	5	532
2013	712	0	3	12	697
2014	471	0	3	16	452
2015	330	0	3	5	322
2016	304	0	3	5	296
2017	302	0	1	6	295
2018	286	不详	不详	不详	不详
2019	263	不详	不详	不详	不详
2020	208	不详	不详	不详	不详
2021	199	0	2	9	188

资料来源：中华人民共和国生态环境部：《中国生态环境状况公报》（2018—2021年）；王文琪等：《基于多源流框架的生态环境风险防范体系研究》，《环境污染与防治》2019 年第 9 期。

二　生态环境风险频发与人民日益增长的美好生态环境需要矛盾

党的十九大报告指出，中国特色社会主义进入新时代，中国社会主要矛盾已经转化为人民日益增长的美好生活需要和不平衡不充分的发展之间的矛盾（习近平，2017）。党的二十大报告在总结过去五年的工作和新时代十年的伟大变革成就时，“明确我国社会主要矛盾是人民日益增长的美好生活需要和不平衡不充分的发展之间的矛盾，并紧紧围绕这个社会主要矛盾推进各项工作”（习近平，2022）。人民日益增长的美好生态环境需要与生态环境质量不高之间的矛盾是中国社会主要矛盾之一，也是推进各项工作的依据。随着经济增长、收入增加及各种条件的改善，人们对生态环境这一公共产品的需要与日俱增，为获得优质的生态环境不断抗争。近年来，一些生态环境风险较高的项目建设，危及或可能危及周边的生态环境，引发了一系列社会危机，发生了群体性事件和刑事案件，政府在生态环境风险治理中有陷入“塔西陀陷阱”的危险。厦门、大连、昆明、宁波、茂名、九江等地发生的群体事件，充分表明人们已将生态环境作为重要的需求之一。其中，行政交界地带环境风险较为密集、复杂，危害程度大而广，风险防治“囚徒困境”现象明显。一方面，政府作为“理性经济人”，为促进本辖区经济发展，大力发展工业，资源利用与区域开发超过了环境的承载力，直接或间接损害公共产品——生态环境。而邻近行政区在“属地管理”原则下，明知环境风险会“越界”对其产生影响，也无权过问。另一方面，企业主更是“理性经济人”，践行“污染避难所假说”中的“企业会倾向于选择环境标准较低的国家或国内环境管制较宽松的地区”的理论，跨行政区尤其是省际交界区是最好的“污染避难所”，因为该区域是环境污染防治相对宽松的地区，甚至是盲区，加之行政屏障，环境防治协调难度大，跨域生态环境风险发生概率加大。“危险越过漠不关心的围墙，到处肆虐。”（Beck U.，1992）企业选址行政交界区逃避监管，当地政府为促进区域经济增长而管控不严，提高了环境风险发生概率。湖南、贵州、重庆三省份之间发生的群体事件说明，生态环境风险频发与人民对美好生态环境向往的矛盾，需要将生态环境风险治理提升到更加重要的地位，也是顺利实现党的二十大报告提出的“坚持可持续发展，坚持节约优先、保护优先、自然恢复为主的方针，像保护眼睛一样保护自然和生态环境”和“美丽中国目标基本实现”等政策的重要路径。

三　跨域生态环境风险全过程治理政策不断完善

党和政府高度重视生态文明建设，多次强调其重要性，并制定相应法律法规政策。习近平总书记提出“绿水青山就是金山银山”科学理念，是习近平生态文明思想的重要组成部分，强调“要把生态环境风险纳入常态化管理，系统构建全过程、多层级生态环境风险防范体系”（习近平，2019）。党的十八大以来，大力推进制度建设，生态环境治理政策制度体系不断完善，相继出台了《关于加快推进生态文明建设的意见》《生态文明体制改革总体方案》《关于构建现代环境治理体系的指导意见》等一系列制度，制定一系列涉及生态文明建设的改革方案；健全和完善法治建设，制定和修改《中华人民共和国环境保护法》（以下简称《环境保护法》）、《中华人民共和国环境保护税法》，以及大气、水、土壤和核安全等方面的法律，不断健全部门规章，制定、修订和形成了较为完善的国家环境质量、排放及监测方法标准体系；高度重视法律执行和实施，通过全国人大常委会开展《中华人民共和国水污染防治法》、《中华人民共和国大气污染防治法》、《中华人民共和国固体废物污染环境防治法》和《中华人民共和国海洋环境保护法》等执法检查，以降低生态环境风险（叶海涛，2020）。生态环境风险过程治理和跨域治理“一纵一横”得到了高度重视。一是过程治理日益受到关注，生态环境风险过程治理这“一纵”政策制度不断完善。早在 2011 年颁布的《国务院关于加强环境保护重点工作的意见》提出要“完善以预防为主的环境风险管理制度”，2016 年国家《“十三五”生态环境保护规划》将环境风险全过程管理作为其重要内容，并专设一章“实行全程管控，有效防范和降低环境风险”进行论述。2021 年，国家《“十四五”生态环境保护规划》提出推动生态环境源头治理、系统治理和整体治理。二是推进跨区域合作，跨域生态环境风险治理这“一横”政策制度不断加强。中共中央、国务院印发的《京津冀协同发展规划纲要》、生态环保部、水利部制定的《关于建立跨省流域上下游突发水污染事件联防联控机制的指导意见》、工业和信息化部等四部门发布的《京津冀产业转移指南》、第十三届全国人民代表大会常务委员会第二十四次会议通过的《中华人民共和国长江保护法》（以下简称《长江保护法》）等一系列法律法规制度，都是以打破行政壁垒、推进跨行政区集中统一治理为立法宗旨，促进整体性治理。

四 国内外跨域生态环境风险治理合作兴起

美日欧等发达国家或地区的生态环境风险防治起步较早，理论不断完善，实践经验日益丰富，生态环境风险防治由应急防治向全过程、全方位管控转变，建立了较为完善的跨行政区合作防治体系。一是不断完善生态环境风险防治法律法规架构。美国国家环境保护局在20世纪90年代就颁布了生态环境风险专项制度《减轻风险：环境保护重点和战略的确定》，2000年欧盟通过了《关于环境风险防范原则的公报》专项制度，指导区域环境风险防范、评估与防治。日本注重完善法律法规，形成了以《环境基本法》为“母法”，综合性法律、建设类法律、专项法律以及其他法律等相配合的五个层次的环境保护法律法规体系框架。二是持续健全一体化的跨域协同防治体系。为了促进各地方政府合作，美国联邦政府通过立法认同各州签署的《州际应急管理互助协议》（EMAC），明确了包括环境污染风险在内的跨行政区应急事件州际合作框架、各州的权责以及跨行政区运作机制；建立了全国应急反应中心（NRC），负责环境等应急事件的跨域协调，通过全国应急计划（NCP），应对全美危险物质污染应急事件。为加强州际环境合作防治，联邦政府环保署在全美设立了十个大区环境防治机构。欧盟建立了由欧盟环境保护总局（DG ENV）负责监管的社区民间保护机制（CCPM），同时设立了应急协调安排（CCA），强化欧盟边界环境保护。欧盟开发SPIRS 2.0重大环境事件防范与应急决策系统，通过建立数据库，协助成员国应对重大环境事件的决策与防治。欧盟河流流域建立跨域协同防治体系，在跨域防治委员会和欧洲委员会的协调下，完成各项跨域环境污染防治。日本成立了内阁危机防治总监，协调各个省际行政区环境等界域应急事件。三是加强建设跨域生态环境风险全过程防治体系。美日欧将生态环境风险控制点前移，实行化学物品等污染物排放与跨域转移登记制度（PRTR）。美国通过建立完善的环境风险评估方法体系，对区域工业活动进行风险识别和评估，运用评估结果，防范人类活动和工业活动所引发的环境风险，建立了包括生态环境风险在内的跨行政区应急风险防治的准备（P）、启动（A）、请求（R）、响应（R）、补偿（R）（PARRR）全过程运作机制。日本以综合防灾减灾为基础，构筑了包括生态环境风险在内的“防灾减灾—危机防治—国家安全保障”三位一体的防治框架，形成预防—应对与处理—修复等一套完整的跨域生态环境风险全过程、全方面应对体系（贾先文和李周，2019）。欧盟实行以生态环境风险预防为主和全过程防治的原则，协同推行 PPRR 全过程循环机制（PPRR Cycle）。

中国在中央“自上而下”强力推行生态文明建设的态势和人民“自下而上”对美好环境的强烈需求下，地方政府不仅重视行政区生态环境建设，也加强了行政区跨域合作的探索，取得一定成效。一是国家强力推动。最典型的是“长三角”“泛珠三角”“京津冀”生态环境治理，国家给予政策支持，三个区域都被列为国家发展战略，国家通过制定政策和法律法规推动生态环境治理。国务院成立了京津冀协同发展领导小组，中共中央、国务院印发《京津冀协同发展规划纲要》，工业和信息化部等四部门发布了《京津冀产业转移指南》；国家不仅支持“长三角”生态环境治理，还通过《长江保护法》立法来保护整个长江流域生态环境。二是各级政府加强了合作。通过建立论坛、联席会议等平台，合作解决跨域生态环境问题。“长三角”“泛珠三角”等区域通过各类论坛、协作工作会议、行政首长联席会议，建立秘书处等方式，推动生态环境合作治理。“京津冀”在京津冀协同发展领导小组指导下，三地发展改革委也成立了京津冀协同办公室，通过联动机制与联动会议，促进合作治理。湘渝黔边“锰三角”在出现重大环境污染事件后，在中央政府推动下，定期召开联席会议、建立区域联动机制。“长三角”“京津冀”“泛珠三角”“锰三角”等区域，通过执行国家各类生态环境政策，按照国家法律法规协同制定各类规划、方案、计划，共同签订协议、备忘录等，有力地推动了跨域生态环境风险全过程治理。

第二节　研究目的与意义

一　研究目的

本书希冀通过对跨域生态环境风险全过程治理研究，为跨行政区生态环境风险治理提供思路和框架，为政府提供政策依据，惠及中国诸多跨行政区的生态环境风险治理。具体而言，本书将达到以下目的。

第一，构筑跨域生态环境风险全过程治理研究框架，为后续研究发挥抛砖引玉的作用。运用整体性治理理论、协同治理理论、风险治理理论、跨域治理理论、集体行动理论，研究跨域生态环境风险全过程治理机理、治理机制和实现机制，以及整体制度框架设计，构建一个跨域生态环境风险全过程治理研究框架，为后续研究打下基础和提供借鉴。

第二，建立跨域生态环境风险全过程治理机制，提高跨行政区治理效能。综合考虑风险因素，按照跨域生态环境风险事前预防、事中响应和事后跟踪逻辑，构建一个跨越时空与领域的生态环境风险全过程治理机制及其实现机制，挤出生态环境风险治理中的“泡沫”，实现“无缝”管理，改变重事发后的应急响应而轻事前预防和事后跟踪的缺陷，降低跨域生态环境风险发生的概率，提高跨行政区治理效率。

第三，设计跨域生态环境风险全过程治理制度体系，为跨域生态环境风险全过程治理的政策制定与实施提供科学依据。通过研究跨域生态环境风险全过程治理的形成机理、机制模型构建和实现路径，设计跨域生态环境风险全过程治理体系和制度框架，为跨行政区政府合作开展政策制定提供理论基础和决策依据，提高跨域政府合作能力，从政策上最大限度避免“集体行动困境”的发生。

二　研究意义

生态环境风险的跨域性和跨域生态环境风险的整体性、叠加性、脆弱性、多发性、衍生性，极易引发生态环境事件。重视生态环境风险各个环节，从生态环境风险源头着手，构建风险全过程治理机制，实现“无缝管理”，防止出现“真空”，是有效遏制生态环境风险发生的重要手段。因此，研究具有重要的理论价值与意义和实际应用价值与意义。

第一，理论价值与意义。本书在学术上有助于推动跨域生态环境风险全过程治理研究，克服分割研究生态环境风险全过程治理的各个阶段或环节的缺陷，以及重风险发生后的响应而轻预防的不足。通过揭示跨域生态环境风险全过程治理的形成机制，构建一个跨越时空与领域全天候闭环生态环境风险全过程治理机制，可拓展跨域生态环境风险管理研究视野，丰富跨域风险控制理论和治理理论。同时，将生态环境风险全过程管理植入跨域治理中，通过构建各地政府联动机制以及政府、企业和非营利组织等部门联动机制，打破各个主体各自为政，强化全过程治理，实现跨域资源协同配置，有助于丰富和深化公共服务配置效率理论和绩效理论的研究，开创生态环境风险治理新方式，推动风险控制理论与新公共服务理论发展。

第二，应用价值与意义。本书注重生态环境风险过程管理，打破时空屏障，构建跨域生态环境风险全过程管控机制及其管理体系，可为政府政策制定提供参考；对落实国家生态环境治理政策，降低跨域生态环境风险发生概率具有重要意义。同时，对于具有诸多行政交界区的中国而言，将生态环境风险全过程管理与跨域协同管理有机结合，有利于突破跨域生态环境风险管理的“免费搭车”和“公地悲剧”，发挥协同合作效应，节省管控成本，提高管控速度与能力，维护跨行政边界区的安全、团结、稳定和可持续发展。实现以人民为中心，为人民群众提供优质生态环境公共产品，缓解人民日益增长的美好生态环境需要与生态环境风险高发之间的矛盾。

第三节 研究问题的提出

党和政府高度重视生态文明建设，尤其是党的十八大站在历史和全局的战略高度，制定了新时代统筹推进“五位一体”总体布局的战略目标，将生态文明建设与经济、政治、文化、社会建设一起统筹推进，为生态环境保护指明了方向和路线图。在“五位一体”总体战略目标指导下，中国制定了一系列法律法规制度。综观中国有关生态环境法律法规制度，跨行政区生态环境保护得到了法律法规制度的高度重视。《环境保护法》对跨行政区域的重点区域、重点流域做出了建立环境污染和生态破坏联合防治协调机制的规定，实行统一规划、统一标准、统一监测、统一防治措施。其他有关法律法规制度也对跨域生态环境治理做出了相应的规定。生态环境保护取得了巨大成就。但是，正如党的二十大所指出的“生态环境保护任务依然艰巨”（习近平，2022）。特别是，生态环境治理的总基调没有变化，即实行“属地管理”原则。“属地管理”原则难以避免行政区之间环境污染以邻为壑和各行政区在治理上企图“免费搭车”的难题，“集体行动困境”较为严重，往往在交界地带形成“污染避难所”。

同时，中国生态环境风险防治的过程割裂，轻事前防范、重事后响应与补救等治理措施，导致跨行政区生态环境治理效果较差。各行政区对自己辖区内生态环境治理的防范意识原本就不强，行政区之间合作开展生态环境风险预防或预警就更为困难。在缺乏预防这一防火墙的背景下，管理相对薄弱的行政边界区生态环境这一公共产品供给更无保障，极易发生生态环境风险，且一旦污染事件发生，将危及周边各行政区，给整个区域生态环境造成影响，其治理与修复更是超出了某一行政区的能力。开展跨域合作共治是必由之路。但这种“污染—合作”模式，给国家和社会造成了巨大甚至难以修复的损失。

为降低跨域生态环境风险，满足人民日益增长的美好生态环境需要，各行政区开展了跨域合作治理，如“长三角”“泛珠三角”“锰三角”“京津冀”等区域实行了跨行政区生态环境治理合作，并取得了较为明显的效果。但囿于跨域协调困难以及轻事前防范、重事后治理等困境，难以避免生态环境事件的发生，在江苏、湖南、甘肃、河南等省份出现了多起生态环境事件。这些高发的跨域生态环境风险事件与人民日益增长的美好生态环境需要相矛盾，急需扭转这种窘况。由此，将生态环境风险全过程管理与跨域治理有机结合，将全过程管理植入跨域生态环境风险治理中，强化行政区之间合作，从风险源头着手，强化生态环境风险的预防、响应和修复各个环节有机结合，实现“无缝对接”，防止“真空”，破解跨域生态环境风险重事后防治轻事前预防以及“属地原则”、单一治理困境，突破跨域治理的“屏障效应”和“囚徒困境”，有效遏制跨行政区尤其是跨省级行政区生态环境风险的发生，成为一个亟待解决的重大课题。

第四节 研究方法

本书将综合运用系统分析法、比较研究法、文献研究法、调查研究法与案例研究法等研究方法，通过大量阅读文献，获取国内外第二手资料；采取点面结合，选择跨省区域，对居民、社区、企业、政府进行实地调研，收集生态环境风险状况及存在的问题，获得第一手资料；借鉴国内外跨域生态环境风险全过程治理理论和实践经验，系统提出中国跨域生态环境风险全过程治理机制。

第一，系统分析法。跨域生态环境风险全过程治理是一个由多元主体构成的复杂系统，各个环节也是一个不可分割的整体，本书运用系统分析方法，分析跨域生态环境风险全过程治理的各个主体及各个环节子系统之间的关系，从而构建一个跨越时空与领域的生态环境风险全过程治理机制，并据此设计跨域生态环境风险全过程治理制度体系。

第二，比较研究法。本书将对国内外生态环境风险治理模式进行比较，尤其是对欧美日等发达国家和地区有关跨域生态环境风险全过程治理体制机制进行分析与对比，概括总结出发达国家和地区具有一般意义的共同点，提出借鉴国外治理经验，利用中国特色社会主义强大制度优势，结合中国的现实，创新治理模式，构建一个跨域生态环境风险全过程治理新机制。

第三，文献研究法。部分研究团队成员在国外留学期间，收集了大量有关跨域生态环境风险全过程治理文献资料，通过后续的阅读、整理、归纳文献典籍，以及继续查阅国内外文献，掌握更多的文献资料和研究进展，为本研究提供理论依据，也为开展创新性研究打下基础。

第四，案例研究法与调查研究法。本书以“长三角”、“泛珠三角”、“京津冀”和“锰三角”等作为案例，查阅了大量的资料，掌握了其整体情况；采用问卷调查、座谈访谈、实地观察等研究方法，由研究成员带队对湘渝黔边“锰三角”、“长三角”及湘鄂交界区洞庭湖生态经济区等行政交界区开展调查研究，得到当地政府、企业、居民、村社组织的大力支持，获得较为翔实的资料；同时，充分利用学生实习、寒暑假期间对实习地或生源地的行政交界区生态环境治理开展问卷调查，以便掌握更大范围的第一手资料，使调查资料具有普遍性、全局性。结合现实开展调查研究，也使研究符合现实情况。

第五节　研究内容

相对于地级市、县或乡，省际行政区之间独立性较大，协调难度也大，故此，本书所指的“跨域”意指跨省级行政区的多省交界区。本书采取点面结合的实地调研和通过大量阅读文献后，提出跨域生态环境风险全过程治理这一命题，阐述跨域生态环境风险全过程治理理论基础，剖析跨域生态环境风险全过程治理的缘由与机理（形成机制），构建跨域生态环境风险全过程治理运作机制模型（运作机制），提出跨域生态环境风险全过程治理实现机制（实现机制），并构建跨域生态环境风险全过程治理制度体系框架。具体研究内容如下。

第一章绪论。本章介绍中国跨域生态环境风险全过程治理的研究背景、研究目的与意义，提出研究问题，阐述研究思路、研究内容。

第二章文献综述及理论分析框架。本章界定跨域生态环境风险全过程治理相关概念；从多个方面对国内外研究进行梳理，较为全面地综述国内外的跨域生态环境风险全过程治理相关研究，对国内外相关研究进行述评；阐述跨域生态环境风险全过程治理的理论基础，并在此基础上提出本书的研究思路框架及技术路径。本章从理论层面回答“为什么”要实行跨域生态环境风险全过程治理机制。

第三章跨域生态环境风险全过程治理机理。本章探究中国跨域生态环境合作实践、动因，剖析跨域生态环境风险特性，进而探寻跨域生态环境风险全过程治理形成的缘由、机理和内在逻辑，从实践层面回答“为什么”要构建跨域生态环境风险全过程治理机制问题。

第四章跨域生态环境风险全过程治理运作机制。本章从时间维度研究跨域生态环境风险全过程闭环管理运作机制模型构建。分析跨域生态环境风险全过程闭环管理体系，借鉴国内外闭环管理运作机制模型经验，探索中国跨域生态环境风险全过程治理运作机制模型，构建一个跨域生态环境风险全过程闭环治理机制，解决“怎么做”的问题。

第五章跨域生态环境风险全过程治理实现机制。从空间维度研究跨域生态环境风险全过程治理实现机制，亦即研究如何“实现”第四章所提出的跨域生态环境风险全过程闭环治理运作机制。具体而言，首先，构建一个跨域生态环境风险多中心多手段全过程治理实现机制总模型。其次，分别从多中心多手段实现机制和跨区域实现机制两个方面展开研究，以实现治理目标。

第六章跨域生态环境风险全过程治理制度体系框架。本章从制度维度研究现代跨域生态环境风险全过程治理制度体系框架，将生态环境治理的跨域性与全过程管理植入政策制度中，统筹山水林田湖草沙，紧扣现代化主题，创新性地提出构建现代跨域环境风险全过程治理制度体系框架，包括治理主体体系、治理手段体系、治理能力体系和治理政策体系等，形成源头预防、过程控制、后果分担的跨域生态环境风险全过程治理的经济、政治和社会等多方面多系统的制度供给保障体系。

第七章结论与展望。通过研究，可得出以下结论：一是跨域生态环境风险的特性与治理困境倒逼跨域全过程治理；二是为实现有效治理，须构建跨越时空与领域的生态环境风险全过程治理机制；三是跨域生态环境风险全过程治理机制的实现最终需要制度体系提供保障。本书虽然就跨域生态环境风险全过程治理开展了大量的研究，提出了治理机制，但仍然存在不足，需要继续开展创新性研究。

第二章

文献综述及理论分析框架

跨域生态环境风险的跨域性、不确定性、整体性、叠加性和衍生性决定了单一行政区、部门、手段或环节等均无法实现治理目标，成为世界性难题，因而一度成为研究热点。本章首先界定跨域生态环境风险全过程治理的核心概念，梳理跨域生态环境风险全过程治理国内外相关研究，在对国内外相关研究进行评述的基础上，阐述跨域生态环境风险全过程治理理论依据，提出理论分析框架，从理论上回答“为什么”要实行跨域生态环境风险全过程治理。

第一节　核心概念界定

本节就生态环境风险、跨域生态环境风险、生态环境风险全过程治理等核心概念，在梳理前人界定的基础上，给出本书研究的内涵。

一　生态环境风险

学术界普遍认为首次对风险进行界定的是美国学者威雷特（A. H. Willett），1901 年在其博士学位论文《风险与保险的经济理论》中将风险界定为“关于不愿意发生的事件发生的不确定性之客观体现”。1921 年，美国经济学家奈特（F. H. Knight）在《风险、不确定性和利润》中认为风险是“可测定的不确定性”。1921 年，知名学者马歇尔（Marshall A.）在著作《企业管理》中认为风险是通过风险转移与风险排查等手段处理风险的“风险负担管理”。1964 年，美国威廉姆斯（Williams）等将风险界定为“在既定情况下，在特定时期内发生结果的偏差”。1983 年，日本学者武井勋在《风险理论》一文中认为风险具有不确定性、客观性和损失性等特征，风险是“在特定环境和特定时期内自然存在的导致经济损失的变化”。1987 年，美国学者库伯（D. Cooper）、英国学者查普曼（C. Chapman）在著作《大型项目的风险分析：模型、方法和案例》将风险界定为“由于在从事某项特定活动过程中存在的不确定性而产生的经济或财务的损失、自然破坏或损伤的可能性”。1992 年，联合国人道主义事务部界定了自然灾害风险，认为自然灾害风险是在一定区域与一定时间内，因为特定的自然灾害而引起的人民生命财产和经济活动的期望损失值，并对风险进行了度量，风险度（R）= 危险度（H）×易损度（V）（卢全中等，2003）。诸多学者认为风险是发生不幸事件或者失败的概率或者可能性，具有不确定性，包括风险发生的不确定性与风险损害的不确定性（蒋维和金磊，1992；郭志明，2006；杨子晖等，2022）。

学术界对生态环境风险进行了研究和界定，学者认为生态环境风险作为生态环境与风险的复合概念，是指在一定区域或环境单元内，由人为、自然等因素引起的“意外”事故对人类、社会与生态等造成的影响以及损失（郭永龙等，2002；郑石明和吴桃龙，2019）；是由自然原因或人类活动引起、通过环境介质传播、能对人类社会及自然环境产生破坏、损害及毁灭性作用等环境污染事件发生的概率及其后果（Jilani S. and Altaf Khan M.，2006；胡二邦，2009）；是一定区域内具有不确定性的事故或灾害对生态系统及其组成部分可能产生不确定性的影响，特指对非人类的生物体、种群和生态系统造成的风险（USEPA，1992；Hunsaker C. T. et al.，1990）；由环境的自然变化与人类活动引起的生态系统组成、结构的改变而导致系统功能损失的可能性（阳文锐等，2007）。

综上，尽管学术界对风险的界定存在差异，也未给出统一的生态环境风险概念，但我们从以上梳理中可以得出生态环境风险一般性的两个主要特点：不确定性和危害性。不确定性就是文献中提到的生态环境风险发生的概率（用 P 表示），危害性就是生态环境风险造成的后果（用 C 表示），生态环境风险值 $R=P\times C$。具体而言，生态环境风险是由自然原因或人类活动等引发，对人类社会、自然环境等产生破坏、损害及毁灭性作用的生态环境污染事件的概率和影响。

二　跨域生态环境风险

关于跨域概念、跨域生态环境风险概念，学术界从不同视角进行了界定，主要可以概括为两个方面。本节在梳理跨域概念、跨域生态环境风险概念的基础上，界定本研究的跨域生态环境风险内涵。

第一，从地理区域界定跨域概念与跨域生态环境风险概念。也就是单从跨越行政区域理解跨域概念，认为跨域就是指跨越行政区边界（吴坚，2010）、跨越地理边界和影响多政策领域（Arjen Boin and Martijn Groenleer，2016；Margaret G. Hermann and Bruce W. Dayton，2009）。杨龙和郑春勇（2011）认为公共危机越来越呈现出跨地区的特征，并从地理意义范围层面对跨域公共危机进行了界定。王芳（2014）认为“跨域”包括两层含义：一是跨越国家之间的地理和政治边界。二是跨越国家内部不同行政区的地域和行政管理边界，并就此对跨域生态环境风险进行了定义，认为一个行政区人们的生产、生活和开发等各类活动，对其他一个或多个行政区的当前或未来的环境质量、人类健康以及经济社会发展等可能产生的威胁及其后果。张萍（2018）也认为跨域生态环境包括两层含义：一是跨越不同国家和地区政治和地理边界的生态环境。二是跨越国家内部不同行政区域行政管辖界限的生态环境。沈子华（2017）将跨域生态环境污染界定为：同一流域而分属不同行政管辖区之间因水体移动所带来的环境污染；田玉麒和陈果（2020）也认同跨域生态环境污染是指发生在不同行政区划或地理区域之间的生态环境问题，也就是某一地区的生态环境问题会通过某些介质扩散到另一地区或多个地区，造成跨区域环境污染。

第二，从地理区域、部门、领域及其他多方面界定跨域概念或跨域生态环境风险概念。Ansell 等（2010）认为公共管理问题涉及多层级政府、各类公共或私人组织，可跨越纵向边界、横向边界、外部边界等，包括跨地理边界、跨组织功能边界及跨时间边界。叶汉雄（2011）认为跨域既指地理空间上的跨区域，也指不同组织、部门间的跨领域。张成福等（2012）认为跨域指跨政府部门、跨行政区域、跨治理主体、跨时间边界、跨政策领域等多方面。有学者对跨域水污染开展了研究，认为跨域水污染不仅涉及污染在地理空间的分布，也包括不同行政区划的水环境管理及水污染防治权责分配问题（于红，2022）。

本书所指的跨域生态环境风险是从地理区域来界定的，指发生在不同行政区划的生态环境风险。具体而言，由于自然原因或人类活动等引发，对不同行政区的人类健康、自然环境等产生破坏、损害及毁灭性作用的环境污染事件的概率和影响。相较地级市、县或乡，省际行政区之间独立性较大，协调难度也大，故此，本书所指的“跨域”意指跨省行政交界区，将省际行政交界区生态环境风险全过程治理作为研究对象。

三 生态环境风险全过程治理

（一）生态环境管理和生态环境治理辨析

虽然在研究中，有使用生态环境管理的，更多的是使用生态环境治理；有区别使用的，也有不加区别混合使用的。但近些年，政界和学界高度重视“生态环境治理”。习近平总书记在 2018 年全国生态环境保护大会上强调要加快建立健全“以治理体系和治理能力现代化为保障的生态文明制度体系”（习近平，2019）。2019 年 11 月，党的十九届四中全会确立了生态环境制度体系和治理能力现代化的基本原则、总体目标和任务。2020 年 3 月 3 日，中办和国办联合印发《关于构建现代环境治理体系的指导意见》，成为全面推进生态环境治理体系和治理能力现代化的纲领性文件。2021 年 4 月 30 日，习近平总书记在中共中央政治局第二十九次集体学习时强调指出，要提高生态环境治理体系和治理能力现代化水平。2022 年 5 月 31 日，中央再次明确提出要提高生态环境领域国家治理体系和治理能力现代化水平。2022 年 10 月，党的二十大报告多处强调“治理体系与治理能力现代化”，并提出“健全现代环境治理体系”（习近平，2022）。

同时，学术界对管理和治理，以及生态环境管理和生态环境治理进行了研究。俞可平在《南方日报》对党的十八届三中全会有关社会建设内容进行解读，认为从“管理”到“治理”代表理念创新；刘新如在《解放军报》发表的《从“管理”到“治理”意味着什么》一文指出，从“管理”到“治理”意味着党执政理念的升华、治国方略的转型；许耀桐在《中国社会科学报》发表《从“管理”到“治理”：治国理念的新跨越》，也认为从“管理”到“治理”体现了巨大变化。

虽然一些学者将生态环境管理与生态环境治理不加区别地使用，但大多数学者赞同治理与管理虽是一字之差，体现内涵却不同，是系统治理、依法治理、源头治理、综合施策（中共中央文献研究室，2016）；提出治理是对管理内涵的拓展，突破管理单一主体思维，强调管理主体多元化，实行民主式、参与式、互动式管理，主张法治与德治结合、管理和服务统一，以及常规管理与非常规管理统一。刘建伟和许晴（2021）对生态环境管理和生态环境治理进行了较为详细的比较，指出了五个不同：一是模式上不同，管理主要是政府垂直管控模式，而治理是包括政府、企业、社会组织等多治理主体参与的更加扁平化的模式，是包括政府垂直管控和多元横向参与相结合的模式。二是实施手段不同，管理主要依靠行政命令，采取定限额、罚款等控制性、刚性手段，治理是将行政调控和市场规则结合起来，采用政策激励、法律约束等引导性、刚柔兼顾手段。三是评价指标不同，管理强调指标考核的数量化，治理考核指标包括数量、质量、结构与功能等多重指标。四是治理效能不同，管理主要是事后治理，治理则注重事前预防和过程监控，强调治理的系统性与协同性。五是作用边界不同，管理的作用范围以政府权力所能够达到的领域为边界，治理的范围则以全部公共生活领域为边界。郑石明和吴桃龙（2019）从价值取向、主要目标、理论基础、行为主体、作用客体、组织架构、利用手段和权力运行向度等方面对生态环境风险管理与生态环境风险治理进行了比较（见表2-1）。

表2-1　　生态环境风险管理与生态环境风险治理的比较

项目	生态环境风险管理	生态环境风险治理
价值取向	以国家为中心，追求绩效与效率	以人民为中心，强调民主与公平
主要目标	结果导向，以污染控制为主	过程导向，提倡“先预防，后治理”
理论基础	市场失灵与集体行动困境	风险治理与善治
行为主体	政府单一主体全面负责	政府、企业、公民等多元主体共同治理
作用客体	传统意义上的环境风险	现代化意义上的环境风险
组织架构	“金字塔”形的垂直管理结构	“网络化”的多中心治理结构
利用手段	以权威式的行政规制与中心式的技治主义为主	多元主体平等协商、合作治理
权力运行向度	自上而下的单向运行	上下、左右的多向互动

资料来源：郑石明、吴桃龙：《中国环境风险治理转型：动力机制与推进策略》，《中国地质大学学报》（社会科学版）2019年第1期。

综上，我们认为治理和管理还是存在某些差异的，治理是对管理内涵的拓展，突破管理单一主体思维，强调多元化参与、多手段防控、多领域治理和全过程管控，具有人性化和柔性特点。尽管很多研究者采用“生态环境风险全过程管理”，而非“生态环境风险全过程治理”的概念，但根据以上辨析，我们认为运用“生态环境风险全过程治理”更为合适。故此，我们在后续研究中，一般采用“生态环境风险全过程治理”用语。

（二）生态环境风险全过程治理

与“生态环境风险全过程”相关的概念有“生态环境风险全过程控制”“全过程生态环境管理”“自然灾害全过程风险管理”“环

境风险防控”“生态环境风险全过程防治”等。

滕敏敏等（2015）认为生态环境风险全过程控制是指生态环境系统的风险识别、科学的风险评估，以及有效的风险控制与应急措施。毛小苓等（2006）在COPRMS模型中提出“全过程”概念，认为全过程管理一方面是指整个模型运行的需求分析、准备工作、风险评价和风险管理等全部流程；另一方面是指围绕灾害事故本身，开展事故发生前的预防与准备、事故发生中的应急与救援、事故发生后的恢复重建与经验总结等全过程管理。黄韩荣（2024）研究了全过程生态环境管理，认为全过程生态环境管理是从源头到末端的全方位、全过程的控制与管理。

有学者按照污染事件形成的因果关系，将全过程管理分为事前预防、事中响应和事后处置三个阶段。事前预防重点是生态环境风险源的管控；事中响应重点是对环境风险因子释放之后形成的污染事件，启动环境风险应急预案，及时有效地进行处理，最大限度地降低污染事件产生的影响；事后处置重点是对污染事件形成的影响采取相应的环境治理与修复措施（邵超峰和鞠美庭，2011；付丽洋和刘瓛，2014）。有学者认为生态环境风险全过程防控是涵盖风险识别、评估、控制以及事故应急处置等环节的管理（王金南等，2013），研究者对跨域生态环境风险全过程防治进行了界定，认为跨域环境风险全过程防治是指对跨行政区的生态环境风险进行事前预防、事中处置和事后恢复的全过程治理，也有学者认为全过程风险评估的程序包括风险源识别与评估、受体易损性评价、风险表征、风险应急处置多目标决策以及风险事故损失后评估（李凤英等，2010）。

综上所述，学界有“生态环境风险全过程控制”“全过程生态环境管理”“自然灾害全过程风险管理”“环境风险防控”“生态环境风险全过程防治”等不同的表达方法，也给出了相关界定。本书综合国内外研究者的界定，结合前述有关生态环境治理的内涵，我们认为生态环境风险全过程治理是多元主体运用多种手段对生态环境风险进行事前预防、事中治理和事后修复的全过程服务活动的总称。

第二节　国内外相关研究述评

本节将围绕跨域生态环境风险全过程治理主题，梳理国内外学者相关研究，并对这些研究进行客观的述评，为后续研究打下基础。

一　国外相关研究

（一）跨域生态环境风险相关研究

第一，跨域生态环境风险形成机制研究。诸多学者认为跨域生态环境风险是由相关各方治理不协调造成的（Turnheim B. and Tezca M.，2010）。有学者就污染企业为何在交界处扎堆，并形成巨大的生态环境风险进行了论证，认为剔除不同县市的面积、人口、受教育程度、人均GDP、邻近省份县市的市场和资源空间等因素的影响后，一个县市越靠近省级边界，其吸引污染企业投资建厂的概率越大，亦即污染企业更倾向于在跨省（区、市）边界选址建厂，形成跨域生态环境风险（Duvivier C. and Xiong H.，2013）。有学者认为跨域各辖区缺乏足够的激励措施促进生态环境治理，都企图通过"搭便车"转移污染，博弈的结果是地方政府都不大可能加大力度去治理公共污染，行政区间污染外部性随着分权程度的增强而提升（Silva E. C. D. and Caplan A. J.，1997）。

第二，跨域生态环境风险治理协调机构研究。梳理现有文献，根据决策权的集中程度，国外跨域生态环境风险治理协调机构归纳为集权式协调机构、分散式协调机构和混合式协调机构三种类型。集权式协调机构相对比较普遍，如田纳西流域治理局，该局是一个政府机构，负责统筹电力、航运、环保及资源利用等部门，对流域的综合治理发挥了重要作用（Van Egteren H.，1997）。美国特拉华河流域建立了特拉华河流域委员会，统一管理流域河流系统而不考虑行政边界，有权制定法规、政策，决定流域内的有关事务，促进了流域水资源开发利用和生态环境保护（DRBC，2016）。欧盟跨域流域治理大多采取混合式结构，在跨域防治委员会和欧洲委员会的协调下，加强各层次机构合作，完成各项跨域环境污染防治（DEPC，2000）。为发挥主观能动性，欧盟有些河流注重分散机构的作用，如多瑙河流域设立的国际治理委员会（ICPDR）由流域治理专家小组、跨域治理小组、经济治理小组等组成，并由其各自具体落实治理目标，多部门各司其职、相互配合防控多瑙河流域水污染（Bendow J.，2005）。

第三，跨域生态环境风险治理机制研究。归纳国外研究者观点，已有的关于跨域生态环境治理机制不外乎是政府治理机制、市场治理机制、多元协同治理机制三种类型。学者对政府合作治理机制开展了研究，认为地方政府通过协商签署的跨域协议是一种有效的政治合同，可弥补跨域治理制度设计缺陷（Lubell M.，et al.，2002）；政府跨域综合治理政策具有较大的作用，但部分政府未能正确使用跨域政策工具（Julie L.，et al.，2020）。学者还对政府执行水资源管理政策的绩效进行了综合评价，认为适应性的政策及其强大的执行力能促进水资源管理（Mishra B. K.，et al.，2017；Gallegoayala J. and Juizo D.，2012）。学者不断尝试将市场交易理论和市场机制运用到跨域治理中，认为市场机制能更好地推动跨域治理（Leonie J.，2017），应确立流域治理的市场基础地位（Chunhong Zhao，et al.，2015），运用市场机制优化配置水资源（Dandan Z.，et al.，2019），建立集水区治理市场（Yoshikazu M.，et al.，2010）。多元协同治理是目前研究的主流，得到了学者的普遍认同，流域治理中体现得更为明显，提出应加强流域合作，提高多元主体合作治理效率（Wang H.，2016），认为协调、协商方式是跨域水资源合作开发的一种主要途径（Walmsley N. and Pearce G.，2010），利用协调、协商方式，形成流域合作稳定的非正式协定（Green O. O.，et al.，2013）。

（二）生态环境风险评估方法论相关研究

第一，生态环境风险评估发展历程或框架研究。美国科学院提出的风险评估基本框架“危害识别→剂量—响应分析→暴露评估→风险表征”四步法被广为接受（US NRC，1975；Tanaka Y.，2003），并成为生态环境风险评价的理论基础（SUTER II G. W.，1993）。在随后学界与政界对生态环境风险界定的基础上，美国USEPA颁布的《生态风险评价指南》将生态风险评估过程分为问题形成、分析、风险表征三个阶段（USEPA，1998）。欧盟成员国联合开展了“工业事故风险评估方法”（ARAMIS）研究，并逐渐完善了生态环境风险各阶段评估模式和动态过程风险评估模型（Salvi Olivier and Debray Bruno，2006；Kasperson R. E.，1988）。

第二，区域生态风险评价研究。20世纪90年代初，学者就论及了区域生态风险评价，并认为区域生态风险评价是未来发展方向（Hunsaker C. T.，1993）；挖掘了区域生态风险评价的关键因素，提出了区域风险评价模型（Landis W. G. and Wiegers J. A.，1997；Wiegers J. K.，et al.，1998）；结合当时的空间统计方法以及确定性分析方法，为由于评价区域扩大而导致风险源复杂化的综合评价提出了解决途径（Burton G. A.，et al.，2002）。很多学者在区域水环境风险分区评估等领域做了大量的研究，提出了较为独特的研究思路（Lisa Pizzol，et al.，2011；Giubilato E.，et al.，2014）。

第三，生态环境风险管控的具体研究方法研究。具体研究方法较多，而且很多学者将生态环境风险评价方法与生态环境风险源配对，不同的风险源采用不同的评价方法，如识别风险源的蝴蝶结分析方法（Salvi Olivier and Debray Bruno，2006），评估生态环境风险受体易损性的层次分析法、专家咨询法和GIS空间分析法（Souza Porto M. F. and Freitas C. M.，2003；Tixier J. and Dandrieux A.，2006；Božidar S. and Milena J. S.，2006），利用潜在生态风险指数法（Hakanson L.，1980）、地累积指数法、内梅罗指数法（Islam M. A.，2017）、概率风险法（Shi Y. J.，et al.，2016）等评价重金属生态风险，利用商值法（Lyndall J.，et al.，2017；Pereira A. S.，et al.，2017）、指标体系法（Lis J.，et al.，2017）对有机物生态风险进行评价。

（三）生态环境风险全过程治理相关研究

学界加强了对生态环境风险全过程治理中某个阶段的研究，如环境风险预警研究（Pintér G. G.，1999）、环境风险受体易损性研究（Tixier J. and Dandrieux A.，2006）。研究者提出环境风险管理程序与体系（Kappos A. D.，2003；Talib，Jusuf，1991），实行污染物排放与转移登记制度（PRTR），对化学品等可能造成环境风险的管控点实现前移（OECD，1996；US EPA，2001；Stewart R. B.，2001）。美国学者做了州际环境危机全过程一体化管理研究，建立了包括环境风险在内的跨行政区应急风险防治的准备（P）、启动（A）、请求（R）、响应（R）、补偿（R）（PARRR）全过程运作机制，制定了环境风险工作程序，构建了预防、响应、修复及减缓等生态环境风险全过程防治体系和防治系统（William L. and Waugh Jr.，2007；Martin A. Kalis，2007）。欧盟实行生态环境风险预防为主和全过程防治原则，协同推行PPRR全过程循环机制（PPRR Cycle）。PP（Prevention，Preparedness）意指预防与应急准备，RR（Response，Recovery）意指响应与修复，涵盖了环境风险防治的预防、应急准备、响应和修复等完整的过程（OECD，2003）。

二　国内相关研究

（一）跨域生态环境风险相关研究

第一，跨域生态环境风险形成机理相关研究。研究者认为，经济社会相互依存、交融关系复杂与联系动态程度高的行政区域间往往出现跨域环境问题，传统基于行政区域内的碎片化治理模式已无法化解此类环境风险（范永茂和殷玉敏，2016）；“‘省直管县’改革进一步强化了县级政府之间的横向竞争和地级市政府之间的纵向竞争，加剧了市场分割，导致区域间更加难以统筹协调，环境公共治理提供不足”（蔡嘉瑶和张建华，2018）；邻近城市环境规制执行存在显著的空间溢出效应，导致部分企业选择异地迁移，而非就地创新，增加了污染风险（金刚和沈坤荣，2018）；诸多学者通过研究得出了分割的行政区划、地方保护主义、府际合作困境、单一治理模式、公共责任模糊化等是滋生跨域生态环境风险的主要原因的结论（张成福等，2012；汪伟全，2014）。还有学者从风险社会视角研究跨域生态环境风险，认为风险社会特征为跨域突发环境事件提供了条件，以致跨域性已成为现代突发环境事件的本质特征（李胜和卢俊，2018）；全球化风险社会造成了风险的全球传播，使突发环境事件不仅具备传统突发环境事件的突发性、破坏性、不确定性等基本特征，而且呈现出高度复杂性、鲜明跨域性和极强复合性（张玉磊，2016）。

第二，跨域生态环境风险治理瓶颈相关研究。中国跨域治理中，政府的作用过强，市场和社会机制的功能较弱（沈满洪，2018），跨域政府横向合作缺陷明显，治理效率低下（邢华，2014）。企业与公众参与跨域治理的权利支撑模糊，参与主体的环境权不明晰，公民、社会组织在环境公益诉讼中缺乏原告主体资格或者主体资格严格受限，参与渠道不畅、激励和保障措施不够（孙名浩，2019）；参与范围狭窄，仅限于参与的知情权、监督权等方面，缺乏动员、引导市场和社会有序参与机制，参与的权责不明确、积极性不高（郑雅方，2018）；行政权的强势以及社区与农户资源物权的弱势，加之产权主体地位不清晰、权利界定不完整等制度障碍，农户与社区参与流域资源管理困难（王俊燕，2017）。

第三，化解跨域生态环境风险治理困境路径相关研究。治理跨区域环境污染需构建地方政府横向合作机制（杨妍和孙涛，2009）。通过协商签署横向跨域协议弥补“整体性治理”的制度设计缺陷（陈祎琳，2019）；纠正制度设计偏差，建立全国统一的生态功能区财政转移支付制度体系（伏润民和缪小林，2015）；完善区域环境风险管理，推进高效环境风险管理体系建设（毛剑英等，2011）；构筑跨行政区府际间信息通报机制、应急机制，提高跨域合作效能（余俊波等，2011）；加快经济增长方式转变、产业结构调整，加强生态补偿，推进跨行政区生态环境治理（梅锦山等，2014）。但也有学者对区域横向合作持相反的观点，提出强化纵向政府的作用，将纵向嵌入与横向协调相结合，提高治理效率（邢华，2014）。在强化政府作用的同时，学者提出重构政府和市场主体间的角色定位与利益关系（常亮等，2017），发挥市场作用，完善促进市场在生态资源配置中起决定性作用的体制机制（底志欣，2017）；采取市场化手段，探索一条政策引导、市场主导的长江流域横向生态补偿准市场化路径，破除地方“各自为政”的利益樊篱，提高其生态补偿效率（潘华和周小凤，2018）。针对跨域治理困境，学者提出了公众参与机制：建立利益相关者参与机制，保障弱势群体等利益相关者的参与，尤其是在价格听证会等制度中要保证社会全过程参与（黄锡生和林玉成，2005）；保障社会的知情权，强化环境影响评价中的企业和公众话语权，实现环保救济行为法治化，完善环境公益诉讼制度（张璐璐，2014）；激发企业、社会参与动力，优化参与机制，促进跨域治理（雷明贵，2018）。学术界还提出制定信息共享、权责明确与联合防治的法律法规（李奇伟，2018），加强流域立法、宣传与监督联动，促进立法、执法、司法联合，以实现跨域治理目标（秦红，2017）。

（二）生态环境风险评价方法研究

中国学者对生态环境风险评价方法研究较多，梳理相关文献，研究主要集中在以下两个方面。

第一，针对不同生态环境风险采取不同分类评价方法相关研究。学者研究了重金属生态风险评价，比较了潜在生态风险指数法、地累积指数法、内梅罗指数法等评价方法在重金属生态风险评价中的作用、差异和优劣（刘晨宇等，2020）。学术界对自然灾害生态风险进行了评价，通过建立基于生态系统水平的生态风险评价方法，评价了洞庭湖的生态风险（沈新平等，2015）；构建了危险度—脆弱度—损失度流域评价模型，从风险源、风险受体、生境等方面对流域水生态风险进行评价（许妍等，2013）；采用相对风险模型，从风险源、脆弱度和抗风险能力等视角分析了漓江流域生态风险（汪疆玮和蒙吉军，2014）；通过构建综合灾害指数，评价石羊河流域旱灾、水灾以及水土流失对植被生态系统造成的风险（李博等，2013）。学者评价了社会开发活动的生态风险，构建了诸如流域生态风险综合指数，以评价人类活动给流域带来的生态风险（巩杰等，2014），基于联合生态风险熵值（RQ），评估了长江南京段水源抗生素的联合生态风险和健康风险（封梦娟等，2019）。

第二，区域生态风险评价相关研究。21世纪以来，区域生态风险评价得到了高度重视。学术界注重从多风险源、多风险受体等方面综合评价区域生态风险（刘晨宇等，2020）。研究者认为区域水污染风险分区评估作为环境风险评估中的重要组成部分，通过引入地理信息系统空间分析法、区域生长法，开展东江流域突发水污染风险分区研究，对其区域内部风险分布特征进行了分析（周夏飞等，2020）。有学者利用“压力—状态—响应”环境分析模型，通过建立环境源危险性指标体系，评价了流域风险源识别及危险性等级，按照不同等级区提出相应的管理方案（肖瑶等，2018）。学者通过采用集对分析法，充分考虑水体扩散的流域性特征，构建了基于风险场的区域突发性水污染风险评估方法（邢永健等，2016）。学术界对区域环境风险分区研究提出了质疑，认为其虽然是识别突发水污染高风险热点区域的重要工具，但大多集中在对县级及流域以上行政单元的研究，而以栅格为单元的微观尺度研究较为缺乏，评估结果不能较好地反映区域内风险的差异性（薛鹏丽和曾维华，2011）。

（三）生态环境风险全过程治理相关研究

第一，生态环境风险防范意识强化相关研究。学术界已经认识到生态环境风险全过程治理的重要性，提出将应急关口前移（薛澜和周玲，2007），重视全过程治理中的风险预防（童星和张海波，2010），强调生态环境风险全过程治理亟须由事后管理向全过程控制转型（毕军等，2006；姜贵梅等，2014），完善生态环境保护基本制度，不仅重视事后监督、整改，还应前置环境保护工作，从源头上预防、控制环境污染和破坏，将生态风险防范纳入日常化管理（祝乃娟，2018）。

第二，生态环境风险全过程治理的部分阶段相关研究。学者对生态环境风险全过程治理中的某些阶段进行了分散式的研究，如生态环境风险源的识别与管理（李跃宇等，2012；宋永会等，2015）和生态环境风险预警研究（仇蕾等，2005；祝慧娜，2012；

殷冠羿等，2015），对生态环境风险事件发生后的治理尤为集中（赵新全和周华坤，2005；王喆和周凌一，2015；黎元生和胡熠，2017；司林波等，2018；田玉麒和陈果，2020）。

第三，生态环境风险全过程治理机制相关研究。针对生态环境风险事前预防、事中响应、事后处置三个阶段，从生态环境风险源、管理机制、风险受体三个方面搭建生态环境风险管理长效机制，构建生态环境风险全过程管理体系（邵超峰和鞠美庭，2011）。将生态环境风险过程管理与科技结合，加强预测预警应急响应和总结评估等环节的信息共享与协调运作，精准高效遏制突发环境事件频发（滕敏敏等，2015）。创新制度体系，推进构建生态环境风险全过程治理机制（王芳，2018）。有学者对水源生态环境风险全过程治理进行研究，提出了水源确定、保护对象筛选、风险识别与分析、风险预测、风险评价、风险管理、执行监督与修订的环境风险阶段筛查策略。采用多种风险治理方式，对湖库型饮用水水源进行风险防范和控制（贺涛等，2016）。

三　国内外研究述评

总体而言，国内外的相关研究成果较为丰富，对跨域生态环境风险形成机理与破解路径、生态环境风险评估开展了一定的研究，对生态环境风险全过程治理也进行了少量的研究，为本课题奠定了良好的基础。但国内生态环境风险全过程治理相关研究大多集中在对某个阶段的环境风险评估、预警或风险发生后的响应开展研究，对生态环境风险全过程治理的研究较为缺乏，研究跨域生态环境风险全过程治理更少，所提出的生态环境风险防治措施缺乏全局性与系统性，没有以跨行政区域为核心，整合空间、时间、主体、手段等，抽象出一个完整的具有普遍性的跨域生态环境风险防治体系。而这些缺陷为本课题做深化研究留下了机会和空间。在当前中国生态环境风险高发期大背景下，如何将生态环境风险全过程治理与跨域治理有机结合起来，破解跨域生态环境风险治理“属地原则”困境和跨区域合作存在“集体行动困境”，防止在行政交界地带形成“污染避难所”，实现生态环境风险全过程的跨域协同治理？如何构建一个跨越时空与领域的生态环境风险全过程治理机制？如何完善并落实国家跨域生态环境风险全过程治理政策？等等，成为亟待解决的问题，也是本书研究的主要内容。本书以省际生态环境风险为研究对象，探究省际行政交界区生态环境风险全过程治理演进、逻辑和机理，将全过程管理植入跨域生态环境风险全过程治理中，从时间维度、空间维度和政策维度，构建跨域生态环境风险全过程治理运行机制、跨域生态环境风险全过程治理实现机制、跨域生态环境风险全过程治理体系与实施制度框架，强化行政区之间合作，促进生态环境风险的各个环节有机结合，实现“无缝对接”，防止出现“真空”，破解跨域生态环境风险重事后防治、轻事前预防以及“属地原则”、单一治理困境，突破跨域治理的“屏障效应”和“囚徒困境”，有效遏制跨行政区尤其是省际交界区生态环境风险的发生。

第三节　理论分析框架构建

本节综合运用多种理论开展分析，为跨域生态环境风险全过程治理提供理论支撑与理论依据，并在此基础上提出本书研究的框架思路与技术路径。

一　理论基础

综合利用风险理论、资源依赖理论、集体行动困境理论、协同治理理论、整体治理理论等，分析跨域生态环境风险全过程治理的理论依据，为跨域生态环境风险全过程治理寻找理论支撑，也为本书研究提供理论基础。

（一）风险理论

欧美发达国家早在18世纪中期的产业革命时期就开始萌生和运用风险管理思想，法国著名管理学家法约尔首先将风险管理思想引入企业经营管理中，1901年美国学者威雷特（A. H. Willett）在《风险与保险的经济理论》博士学位论文中首次界定风险，1931年美国管理协会首次提及企业风险管理，此后学者对风险管理开展了大量的研究。20 世纪 50 年代以后，风险管理被较为广泛地运用到企业管理中，西方发达国家设置了风险管理课程，1964 年，威廉姆斯等《风险管理与保险》著作的出版，标志着风险管理在学术领域上已成为一门新兴学科，该著作提出通过风险识别、衡量与控制等措施，用最小成本让风险的损失最低。20 世纪七八十年代以来，风险管理理论有了快速的发展，在全球掀起风险管理热潮，很多国家颁布了风险管理标准、建立了风险管理体系，中国也在此时引入风险管理思想并逐渐在实践中运用。进入 21 世纪以来，风险管理被运用到更多领域，出现了整体化风险管理趋势，美国《企业风险管理框架》成为现代企业风险管理的标准。目前，风险管理已经广泛运用到管理学、经济学、社会学、工程科学、环境科学等领域。

一般而言，风险管理包括危险辨识、风险评价、风险控制等环节，其中最重要的是风险控制环节。隐患的暴露会形成风险，风险控制失败就形成了事故；由 R（风险值）= P（风险概率）$\times C$（风险损失）可知，通过风险控制可降低风险发生的概率和造成的后果。生态环境风险管理也是一样，需加大风险控制力度，如图 2-1 所示，从 O 点到 R 点表示生态环境风险不断增加，通过加强预防降低风险发生概率，通过采取保护措施降低风险造成的损失。由此可见，生态环境需要强化从预防、预警到事件发生后的保护、修复措施的全过程管理，而跨域生态环境风险管理需要加强区域合作，实现全过程管理。

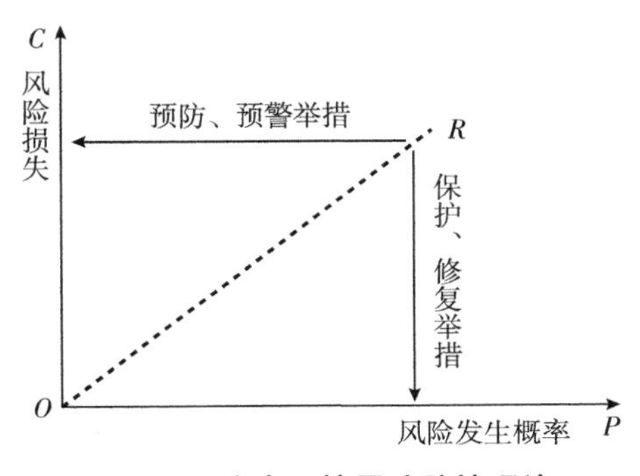

图 2-1　生态环境风险防控理论

（二）资源依赖理论

资源依赖理论萌芽于20世纪40年代，70年代广泛应用于组织关系研究。1978年杰弗里·普费弗与萨兰奇克合著的《组织的外部控制》是当时最主要的代表作。作为组织理论的重要组成部分，资源依赖理论与新制度主义理论一起并列为组织研究中两个重要的流派。作为研究组织变迁活动的一个重要理论，资源依赖理论最早应用于企业管理组织行为研究，认为企业不可能完全拥有所需要的一切资源，为了生存和实现自身的目标，组织必须与外界进行交换，以获取所需要的资源。组织对资源的依赖性将会促使其与外部环境合作，满足自身的需求。同时，组织通过合并、联合、游说、治理等方式改变环境，以让环境来适应组织，组织控制环境。

根据资源依赖理论，任何地方政府均无法拥有足够的资源、权威和能力，必须加强合作，依赖外部组织资源，通过府际互动，以实现自身的政策目标。生态环境风险具有外部性、整体性、跨域性、叠加性等特点，任何一个政府都无法通过自己单一行动管控生态环境风险，为有效治理生态环境，降低生态环境风险和未来的不确定性，地方政府必须加强合作联动，建立合作伙伴关系，通过让渡和交换部分权力和资源，协同推进生态环境风险预防预警、响应治理、修复恢复，实现生态环境风险全过程整体性治理。

（三）集体行动困境理论

关于集体行动困境相关理论较多，在此阐述一下比较常用的几种理论。

第一，"集体行动逻辑"理论。奥尔森提出了对理论界产生巨大影响的"集体行动逻辑"，奥斯特罗姆称之为所谓的"零贡献论"。奥尔森（1995）认为，个人理性下利益最大化与集体利益的冲突，以及组织成本会阻碍集团成员努力增进共同利益，影响公共利益的提供，而且集团规模越大，公共利益越难以保障。

第二，"公用地悲剧"理论。"公用地悲剧"是哈丁提出的，与奥尔森的"集体行动逻辑"一样是个体理性与集体理性差异的结果。哈丁认为个体理性地追求利益最大化会导致公共利益受损。“这是悲剧的根本所在，每个人都被困在一个迫使他在有限范围内无节制地增加牲畜的制度中。毁灭是所有人都奔向的目的地，因为在信奉公有物自由的社会中，每个人均追求自己的最大利益。”（Garrett Hardin，1968）

第三，“囚徒困境”理论。“囚徒困境”博弈模型阐明了一次性静态博弈的结果，在一次性博弈的情况下，人们不遗余力地追求自身利益最大化，而博弈结果对于集体来说往往并非帕累托最优或次优状态，而是形成对各方都最不利的结局，博弈的均衡解是集体利益受损、公共利益供给不足。与“集体行动的逻辑”一样，囚徒困境都是有关集体选择的模型，结论上都是个人追求利益最大化而导致集团利益受损。

上述这些集体行动困境理论无疑都有正确的一面，但如果改变环境，改变初始条件，则将产生不同的结果。如强化激励措施或将静态的一次博弈改为动态的多次博弈，把制度嵌入一定的社会关系中，集体行动困境将会得到缓解。

根据集体行动困境相关理论，防止跨域生态环境风险发生的重要策略是加强行政区之间全过程合作，促进政府、市场和社会联动，健全激励制度，鼓励为集团利益做贡献，积极利用社会资本，通过治理主体非常看重的自尊、个人声望以及社会地位，激励他们为集团利益合作（奥尔森，1995）。同时，艾克斯罗德在《合作的进化》中论证了在重复博弈条件下，将会改变一次性“囚徒困境”的不合作状态，在重复博弈中采取合作策略，达到其利益最大化的目的，也就是使“有条件合作”策略成为重复性囚徒困境下博弈者的占优策略。据此，避免各行政区生态环境治理的“一次性”交易或权宜之计甚至以邻为壑，防止在出现了生态环境事件后，行政区才开展合作、应急式地解决污染事件，应建立跨域生态环境合作伙伴关系，构筑跨域生态环境风险全过程治理长效机制，完善奖惩制度，利用正式和非正式规则，奖励生态环境风险全过程治理的合作者，严惩背叛者，使理性经济人走向合作，达成交易、遵守合作契约，跨区域全过程地防治生态环境风险。

（四）协同治理理论

协同学理论由德国物理学家哈肯在20世纪70年代创立。哈肯认为协同是指系统内部各要素间的和谐状态，协同学是研究一个远离平衡的复合、开放系统，外界环境变化达到一定阈值下，通过内部非线性作用，自发地由无序状态走向有序状态的学问（哈肯，2013）。

协同学由三个基本原理组成：不稳定性原理、支配原理和序参量原理。不稳定性原理意指除旧布新，不稳定性是新旧结构的中介，如果系统保持稳定，新的结构就无法形成，当且仅当系统不稳定时，才会有变革的动力，新的结构才能形成；支配原理认为有序结构是由少数几个慢变量、不稳定模或子系统决定的；序参量原理是描述系统整体行为特性的宏观参量，是系统趋近临界点时，各子系统发生关联，形成合作关系，协同行动，并具有指示或显示出新结构形成的作用，导致序参量的出现。序参量一旦形成就成为主宰和支配系统演化过程的力量（王大伟，2009）。

协同学理论认为系统从无序到有序的过程中需满足一定条件：系统是开放的，与外界环境进行能量与信息交换；存在竞争与合作，使各子系统能协同产生出超越自身各要素的作用；存在对子系统行为起主导作用的序参量；系统处于非平衡状态；具备为系统自组织结构形成与功能发挥提供保障的外部环境，亦即控制参量；具备维持系统稳定性与连续性、实现自身目标的反馈机制（哈肯，2013）。

跨域生态环境风险全过程治理由诸多不同的治理主体、不同区域、不同流程等系统构成，系统具有一定的开放性，处于非均衡、非线性状态，系统间相互作用、竞争与合作，外部环境保障需要进一步增强。跨域生态环境风险全过程治理特性与协同学理论高度契合，是跨域生态环境风险全过程治理的逻辑与机理。具体而言，跨域生态环境风险全过程治理是一个开放、动态、复杂系统，系统不断与外界进行物质、能量、信息交换。系统处于非平衡状态，存在涨落现象，当生态环境风险全过程治理中的不稳定状态积累到某一临界点时，将会发生突变，系统将从不稳定状态进入稳定状态，从无序发展到有序。当然，有序是暂时的，随着新的生态环境事件出现，以及公众对生态环境的需求变化，出现“涨落”现象，这种有序将被打破，又处于一种新的非平衡状态，亟待向有序状态转变。跨域生态环境风险全过程治理满足非线性的三个特征：具有相互竞争与合作的相干性、相互作用具有时空特征、呈现不对称性。系统具有自组织性，有外部条件保障。跨域生态环境风险全过程治理自组织性主要包括以下几个方面：社区和居民自动组织防止生态环境的“避邻效应”、新闻媒体依靠自身的影响为生态环境风险治理呼吁呐喊、NGO 自发地聚集社会各界人士为实现环境保护目标积极行动。当然，自组织性离不开外部保障，尤其是作为生态环境全过程治理控制参量的法律、政策、伦理等，须为促进系统自组织结构形成及其功能发挥提供保障。

（五）整体治理理论

协同治理与整体性治理具有一定的相似性，甚至有的学者提出了整体协同治理相关概念，认为通过“联合”、“协调”、“协同”和“协作”方式，实现国家政策和政府管理功能与活动的整合，都属于整体协同范畴（孙迎春，2014）。但更多学者认为整体性治理是协同治理的“升级版”，区别在于目标与手段的兼容程度：协同型政府意味着不同公共部门在目标和手段上不存在冲突，整体性政府则更高一个层次，要求目标与手段之间不仅不存在冲突，还要相互增强（张玉磊，2015）。

整体性治理理论是针对传统科层缺陷、信息网络技术态势，在顺应新公共管理的逻辑并对其进行反思和修正的基础上产生的一种公共治理范式，是针对新公共管理理论中过度依赖市场和强调效率的管理主义倾向、对组织结构分散化、对地方分权等的改进、回应和修正，为破解部门化和“碎片化”问题架构起新的政府管理模式与运作机制，以协调与整合为核心的治理方式为政府改革提供思路（胡佳，2010；Kooi Man J. and Bavinck M.，2005）。整体性治理理论经历了一个由“整体性政府”向“整体性治理”的发展过程。1997 年，著名学者佩里·希克斯在其著作《整体性政府》中首次提出“整体性政府”的概念，认为政府内部职能部门间的过度分割导致了诸多社会问题产生和严重化，传统官僚制模式也存在诸多问题，提出构建跨部门协作的整体性政府，打造文化革新型政府，建设重视预防而非治理的预见性政府以及结果导向型政府。1999 年，佩里·希克斯、戴安娜·叶的著作《圆桌中的治理——整体性政府的策略》将整体性政府理念演变为具体的行动策略，认为新公共管理过度强调分权及职能划分而产生了碎片化治理现象，需要加强整合，构建整体性政府。2002 年，佩里·希克斯等出版的《迈向整体性治理：新的改革议程》著作中首次明确提出“整体性治理”的概念，对整体性治理模式进行了全面论述，从“整体性政府”研究转向了“整体性治理”研究。在理论层面将整体性治理的运作划分为政府组织间政策目标与手段相互协调的形成阶段、信息流通和消除认知差异的协调阶段、执行与程序设计的整合阶段三个阶段，在实践层面提出建立政府组织间的信任关系、促进对话与合作、运用信息系统构建电子化政府、形成整体性的预算体系等，认为协调是克服棘手问题与碎片化治理以及整体性治理成功与否的关键所在。整体性治理理论的基本内容包括以公民需求和问题解决为治理导向、建立预防性政府、强调合作性整合、注重协调目标与手段的关系、重视信任与责任感及制度化、依赖信息技术的运用等。特别是整体性治理理论主张公共部门重新收回在新公共管理改革中所委托、转让给市场和社会的权力与职能，保障政府尤其是中央政府在公共事务管理中的主导作用，避免出现因过度分权和竞争导致的政府权力虚化现象（张玉磊，2015）。

根据整体性治理理论，跨域生态环境风险全过程治理不应该是以行政区为导向，简单遵循由特定行政区政府进行治理的固有逻辑，而是以问题、资源与项目为导向，按照问题与项目管理的内在规律和需要，利用现代信息技术，通过各行政区政府合作，实现逆部门化和逆碎片化治理，化解按照行政区配置资源、处理生态环境事件所造成的“屏障效应”，实现治理行为的协调、整合，整体性推进生态环境风险全过程治理。具体而言，加强跨域生态环境风险全过程治理的各行政区政府间、部门间沟通与合作，促进治理政策、治理目标一致性的形成；跨域生态环境风险全过程治理应以公共利益为出发点，为公众提供无缝隙而非分离的整体性服务，满足其各类生态环境的需求；跨域生态环境风险全过程治理实行政府、私营企业、非政府组织、社区、公民合作联动，建立合作伙伴关系和多元中心治理机制，推行多元化治理；整合强化治理手段和治理行为，实现跨域生态环境风险全过程治理手段多元化、整体化和治理行为的协同化。同时，根据整体性治理中注重预防原理，跨域生态环境风险全过程治理中应将治理关口前移，以预防为主，防与治结合，建立跨域生态环境风险全过程治理机制，实现治理环节的无缝对接。

二　框架思路与技术路径

本书以为何要实行跨域生态环境风险全过程治理以及怎样才能实现跨域生态环境风险全过程治理为研究核心，综合运用风险理论、资源依赖理论、集体行动困境理论、整体治理和协同治理理论等，遵循“跨域生态环境风险全过程治理理论依据→缘由与机理→机制模型的构建→机制的实现路径→治理制度体系”逻辑思路构建研究的总体框架。

具体的框架和技术路径如图 2-2 所示。首先，通过文献查阅与现状调查，提出问题。其次，研究为什么要实行跨域生态环境风险全过程治理，剖析其理论依据与现实依据。再次，研究如何实行跨域生态环境风险全过程治理，探索跨域生态环境风险全过程治理机制模型及其实现路径。最后，构建跨域生态环境风险全过程治理体系与制度框架。

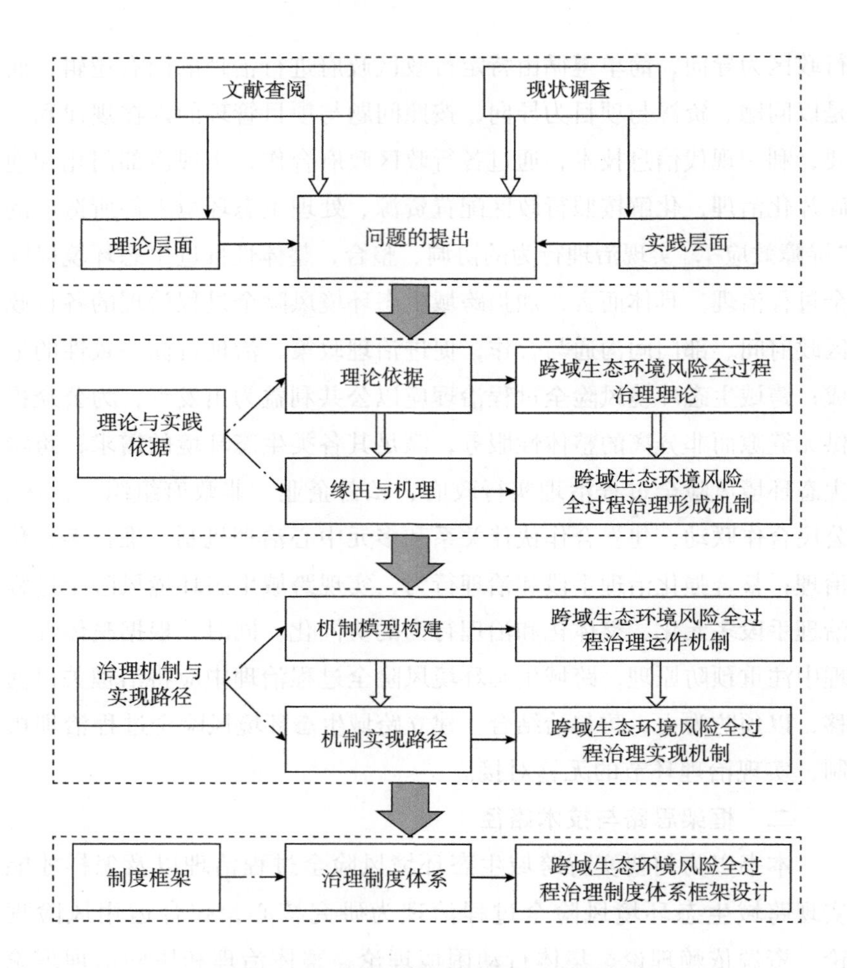

图 2-2　本书的总体框架和技术路径

第三章

跨域生态环境风险全过程治理机理

本章主要采用文献研究法、实地调研法、案例分析法等研究方法，探究中国跨域生态环境合作治理实践、动因，剖析中国跨域生态环境风险特性，进而探寻跨域生态环境风险全过程治理形成的缘由和机理，从实践层面回答“为什么”要构建跨域生态环境风险全过程治理机制问题。

第一节　跨域生态环境合作治理实践

党和政府高度重视生态环境保护，尤其是党的十八大将生态文明建设列为“五位一体”总体布局中（王怀超，2012），党的十九大提出生态环境治理体系与治理能力现代化（习近平，2017），党的二十大报告提出“健全现代环境治理体系”（习近平，2022），颁布了一系列法律法规制度，大力推行中央生态环境保护督察制度。在中央“自上而下”强力推行生态文明建设的压力和人民“自下而上”对美好环境的强烈需求下，地方政府不仅加强了所管辖行政区生态环境建设，也加大了行政区跨域合作探索。省际生态环境跨域合作启动较早、成效显著，主要体现为三大“板块”：经济发达型

（国家重要经济发展板块）、政治文化型（国家政治文化板块）、资源环境型（资源过度依赖板块、环境脆弱及资源过度使用造成环境破坏板块）。我们将以长三角与泛珠三角代表经济发达型、京津冀代表政治文化型、湘渝黔“锰三角”代表资源环境型等为主要分析对象，分析省际跨域生态环境合作治理状况、动因、运行机理与效果。

一　跨域生态环境合作治理状况

跨域生态环境风险的跨域性、突发性、脆弱性、扩散性、衍生性和频发性，成为制约经济社会发展的重要因素，与人们对美好生活的向往不相容，也是单个行政区无法解决的重大问题，合作共赢是唯一的出路。近些年，跨域生态环境合作得到了较快的发展，尤其是珠三角、长三角、京津冀、“锰三角”等区域通过摸索，取得了较大的成效，形成了较为规范化的合作模式。综观合作状况，主要从运动式合作治理、平台搭建、制度固化、协同联动等方面开展了跨域生态环境合作共治，并不断地规范化，合作治理强度、水平和效果等呈现螺旋式提升趋势。

（一）碎片化和运动式的合作治理行动

近些年，随着经济社会发展，生态环境事件不断发生，而且往往跨越传统的行政边界，给周边行政区造成损失。生态环境事件已不是某一行政区能解决的了。为应对跨域污染事件，相关行政区零星地、临时地、碎片化地、运动式地开展合作。20 世纪末和 21 世纪初，为应对水污染事件，洪泽湖开展了运动式的跨域水污染合作治理。由于对洪泽湖过度开发，忽视保护治理，造成湖泊面积萎缩，湖泊自净能力下降，突发性水环境污染事件频发（薛颖，2017）。2014 年，为兑现 APEC 会议期间的空气质量达标的承诺，在中央政府的威权式领导下，北京及周边五个省市开始“两圈”“两阶段”联防共治，采取强有力措施治理雾霾。随后，制定了《京津冀及周边地区 2014 年亚太经济合作组织会议空气质量方案》，北京、天津、河北、山西、内蒙古、山东、河南等地重点控制区加强合作联动，推行“一把手”负责制，压减燃煤、控车减油、淘汰黄标汽车与老旧机动车、更新改造渣土车等一系列具体措施。在中央行政权威主导下，北京及周边五省市联防联治，雾霾得到了有效控制，在APEC会议期间，京津冀上空蓝天如洗，当时这种在北京上空难以见到的清洁天气，被公众和媒体称作出现了“APEC蓝”。但是会议之后，这些指标的平均浓度又出现了反弹（范永茂和殷玉敏，2016）。

实际上，目前合作治理效果较好的跨域治理起初是从运动式合作开始的。比较典型的是湘渝黔三省（市）交界区“锰三角”污染治理。地处湖南省湘西土家族苗族自治州花垣县、重庆市秀山土家族苗族自治县和贵州省松桃苗族自治县三地交界区，素有锰矿“金三角”之称，简称为“锰三角”，是世界最大的锰矿石和电解锰生产基地，十多年前因过度开发，忽视了生态环境这一公共产品，导致严重污染，给当地生产与生活造成了很大影响。为了消除影响，“锰三角”所在的湘渝黔三省（市）启动了生态环境应急性的合作治理，通过持续协同联动，成为跨域合作治理的典范。20世纪末，珠江流域内跨域水污染事件频发，水质不断下降，水纠纷不断，严重影响了区域经济与社会发展，鉴于此，湖南、江西、福建、云南、四川、贵州、广西、广东、海南九个省（区）和香港、澳门等泛珠三角区域经济圈内的行政主体发起了联合解决珠江水污染治理难题，并在2004年第一次召开了泛珠三角区域环保合作联席会议，开启了区域水污染合作治理的征程，在此后的协同合作中形成了较为规范化的制度，效果明显（范永茂和殷玉敏，2016）。

（二）搭建合作治理平台

行政交界区各个省（区、市）通过联席会议、研讨会或论坛一系列合作措施，构建合作平台，就跨域生态环境问题开展合作，探究生态环境治理应对方案，达成共识，为治理打下基础。

2004年6月，长三角地区环保合作的“区域环境合作高层国际论坛”在杭州举行，搭起了“绿色长三角”合作平台。此后，通过定期工作会议或不定期的研讨会、座谈会，围绕污染防治、重大活动空气质量和环境安全，从规范执法行为、联合打击违法行为、完善区域联合执法长效机制等方面开展学习交流，商讨和制定协同治理措施。2014 年开始定期举行长三角区域大气污染防治协作小组工作会议，后扩展到长三角区域水污染防治协作小组工作会议，中共中央政治局委员、上海市委书记担任协作小组组长，主持协作小组会议，并有国务院多个部委负责人参加，规格之高，行动之有力，超乎一般。泛珠江三角区自2004 年 7 月第一次泛珠江三角区域环境保护合作联席会议召开以来，从未间断过，截至 2023 年已召开了十九次泛珠三角区域环境保护合作联席会议，通过历次会议确定了 9+2 行政首长联席会议制度、政府秘书长会议制度、行政首长联席会议制度秘书处、部门衔接落实制度等联络平台，提出建立智慧环保监管等信息化监管平台，一致同意继续加强和落实区域合作组织机制，提升泛珠三角区域环境保护合作机构协调能力，大力推进泛珠三角区域环境保护合作结出新的硕果，推动泛珠三角区域环境保护合作走向深入。京津冀生态环境执法联动工作机制于 2015 年 11 月正式建立，三地生态环境部门每年轮值召开生态环境执法联动重点工作会议，共同制定年度执法联动重点。围绕生态共建共享，通力协作，先行先试，积极作为，签署了一系列生态保护合作协议，持续推动大气污染联防联控、生态过渡带共建等工作，生态环境协同发展取得明显成效。“锰三角”三地政府定期召开“联席会议”，探讨生态环境合作治理，解决区域生态环境风险治理中存在的问题。除府际间“联席会议”这类正式联络外，“锰三角”还搭建了区域性公共论坛等非正式平台，作为政府、非政府组织和公众等治理主体和利益相关者开展表达诉求、交流、共享、监督、反馈的渠道与机制，有利于化解冲突、达成共识、共享资源、惩处违规、稳定预期（蒋辉，2012）。

（三）加强规划与制定固化治理制度

各政府认识到了生态环境风险治理的跨域性、整体性、叠加性和脆弱性，必须加强合作。相邻各政府尤其是省级政府通过书面的合作协议签订和规划制定，把合作内容固化下来。

长三角地区三省一市于2004年6月通过了《长江三角洲区域环境合作倡议书》，开始了“绿色长三角”的合作共建。此后，江苏、浙江、安徽、上海签署了《长三角地区跨域环境污染事件应急联动工作方案》《长三角地区环境保护领域实施信用联合奖惩合作备忘录》《长三角区域柴油货车污染协同治理行动方案（2018—2020年）》《长三角区域港口货运和集装箱转运专项治理（含岸电使用）实施方案》《加强长三角临界地区省级以下生态环境协作机制建设工作备忘录》等，三省（市）的地方政府也签署了相关协议，如上海市青浦区、江苏省苏州市吴江区、浙江省嘉兴市嘉善县政府联合签署《关于一体化生态环境综合治理工作合作框架协议》。泛珠江三角的省级政府则在2004年7月签订了《泛珠三角区域环境保护合作协议》，正式启动区域生态环境建设与保护合作。此后，又签署了《泛珠三角区域合作框架协议》《泛珠三角区域环境保护合作专项规范（2005—2010年）》《泛珠三角9省区污染联防联治合作框架协议》，共同编制了《重污染天气预报技术会商方案》等。为优化北京、天津和河北地区的生态环境，遏制生态环境污染，工业和信息化部等四部门发布了《京津冀产业转移指南》《京津冀协同发展规划纲要》；三地政府积极采取合作治理方式，先后出台了《京津冀区域环境保护率先突破合作框架协议》《京津冀及周边地区2017年大气污染防治工作方案》《“京津冀”水生态环境治理合作共建框架协议书》等合作政策，明确了北京、天津和河北三地工作的重点任务，加大了联防联控共同治理的力度，从而使区域空气污染得到明显控制，部分满足了人民群众的环境诉求，提升了政府在公众中的形象。为提高跨域生态环境风险治理主体在行动时相互预期的稳定性，实现治理目标，“锰三角”制定了一系列制度，通过颁布《湘黔渝三省市交界地区锰污染整治方案》、《湘黔渝三省市交界地区电解锰行业污染整治验收要求》、《电解金属锰企业行业准入条件》、《电解金属锰行业清洁生产标准》以及《“锰三角”区域环境联合治理合作框架协议》，三省（市）实现了较为规范化、程序化的治理。

（四）推动跨域生态环境协同治理

为提高跨域生态环境风险治理效率，跨域各行政区不断创新治理机制和举措。

第一，党建引领生态环境区域联动。通过各级各类党组织合作，推动区域生态环境信息共享、生态环境联合执法、生态环境矛盾纠纷联调，化解跨域生态环境风险治理的“屏障效应”。长三角探索“毗邻党建”模式，引领生态环境区域一体化治理。上海市与毗邻的浙江省以党组织为纽带，突破行政区划和区域壁垒，拓展区域化党建，通过不同行政隶属关系的毗邻地区的各级各类党组织和党员，凝聚各种力量，推动生态环境污染联防联控联治，实现毗邻行政交界区生态环境跨域治理、协同发展、共建共享，交界区生态环境质量明显改善。粤桂行政交界区以“边界党建”为突破口，实行“粤桂边廉化陆博合”党建联盟，积极探索区域生态环境协同治理新机制，打破治理壁垒，促进区域共治，效果明显（刘智勇等，2022）。

第二，探索跨域生态环境风险治理联合立法。为了保护跨行政区或流域生态环境及为跨域生态环境风险治理提供法治保障，一些行政交界区加强顶层设计，从管理的源头着手，立足于人与自然和谐共生谋划生态环境保护，引导与倒逼绿色发展、绿色生产、绿色生活，推行了跨域联合立法。为促进行政区联防联控、协调配合、系统治理，云南、贵州和四川三省人大常委会会议同步审议、同时颁布、同期实施，制定了有关加强流域共同保护的决定和保护条例，以系统性思维与法治观念促进三省协同保护，形成上下游联动、左右岸协同、干支流统筹，推动省际跨区域生态环境保护，构筑流域齐抓共管的大保护新格局。

第三，开展跨域生态环境风险治理联控联防机制。区域间开展联合执法、联合监测、联合监管，提高跨域治理效率。长三角完善省际协作机制，推行联合调度模式，实现跨域联合执法与巡查，联合建设自动预警体系，强化跨域污染源监管，优化联合监测断面，协同开展生态监测，加强数据共享共用，持续评估生态状况，及时掌握区域环境质量（孙燕铭等，2021）。

二　跨域生态环境合作治理动因

在行政区行政的背景下，开展跨域生态环境风险治理必有其动因。我们可以将其概括为压力因素、激励因素和动力因素（见表3-1）。无论是经济发达型、政治文化型，还是资源环境型，促进跨域合作的很多因素大都相似，如推动的中坚力量相似（如中央政府、地方政府中有实力的大省、社会公众等）、合作的目的或利用的工具也相近（如经济利益、政治利益、政策等），只是合作的具体方式和内容略有差异。

（一）国家推动力

公共选择理论认为政府组织及其官员是“理性经济人”，按照自己的偏好从事公共服务，由此，各行政区为了自己利益或实现自己利益最大化，推行边际收益大于边际成本，让其他区域承担负外部性，产生集体行动困境或公地悲剧。国家作为超脱各地方政府利益的组织，利用自身的权力防止集体行动困境发生，促进地方政府合作，实现整体性治理。就跨域生态环境风险治理而言，国家生态环境保护理念和中央对生态环境的考核督察，从政治和晋升等角度，迫使各地方政府加强生态环境合作。“锰三角”三省（市）在边界竞相和过度开采资源引发生态环境事件，中央领导多次批示，中央政府挂牌督办，促使三省（市）回到谈判桌，启动合作。国家也给予了“锰三角”三省（市）很多的激励政策，激发其合作共治。另外，国家高度重视区域协调发展，给予了大力的政策支持。长三角、泛珠三角、京津冀和湘渝黔边“锰三角”等区域都是中央高度关注的重要区域，得到中央政府的大力支持，都被列为国家发展战略，通过国家的产业政策，甚至是直接的专项资金支持，共享发展利益，无疑推动着跨域合作发展。

（二）地方联动力

资源依赖理论作为研究组织变迁活动的一个重要理论，最早应用于企业管理组织行为的研究，认为企业不可能完全拥有所需要的一切资源，为了实现自身的目标，组织必须与外界进行交换，以获取所需要的资源。组织对资源的依赖性将会促使其与外部环境合作。根据资源依赖理论，任何地方政府无法拥有足够的资源、权威和能力以实现自身的政策目标，必须加强合作。为有效治理具有外部性的生态环境，任何一个政府都无法通过自己单一行动来解决，而必须通过合作联动。树立良好的形象，打造责任政府是地方政府加强生态环境合作的共同动力。同时，三大板块的地方合作因素存在差异。长三角、泛珠三角的长期高速发展给区域环境造成了较大的破坏，也对进一步优化产业造成了障碍，为吸引高端产业和高级生产要素，区域内具有强大经济实力的广东和上海，作为“领头羊”带领区域合作，各行政区共享更多的是经济利益。京津冀环境污染影响了北京政治文化中心形象和国家形象，在北京这一具有强大政治文化实力的国际大都市带领下，从政治意识和大局意识角度必须加强合作，除了政治利益，北京非首都功能疏解，带动周边产业发展，实现合作共赢，是推进京津冀协同发展的直接动力。“锰三角”三省（市）的合作更多的是在“自上而下”和“自下而上”的压力下推动地方政府合作。

（三）社会公众的压力

人们对生态环境的美好需求等压力是地方政府开展合作的重要动因。社会公众的压力促成跨域合作治理在资源环境型板块表现得更加明显。为促进辖区经济发展，各行政区各自为政地推行发展政策，对生态环境造成了破坏，而治理中的集体行动困境导致“无为而治”，所带来的负外部性最后由各行政区公众买单，引起了社会的强烈不满。公众采取各类行动促进各个政府加强合作，协同治理生态环境。三省市交界区的“锰三角”，是世界上最大的锰矿石和电解锰生产基地，十多年前各地竞相开发，却忽视了生态环境这一公共产品，导致严重的污染，给当地生产与生活造成了很大的影响，惊动了中央，得到了党中央和国务院的高度重视和干预，才促成各地政府实质性的合作。

表 3-1　推动跨域生态环境合作治理的因素比较

因素	经济发达型		政治文化型	资源环境型
	长三角	泛珠三角	京津冀	“锰三角”
压力因素	国家生态环境保护理念、中央生态环境保护督察、政策考量，世界加工厂对环境的破坏	国家生态环境保护理念、中央生态环境保护督察、政策考量，长期发展对生态环境的影响	国家生态环境保护理念、中央生态环境保护督察、政策考量，首都作为全国政治文化国际交往中心等功能正常发挥	国家生态环境保护理念、中央生态环境保护督察、三省（市）过度开采资源引发跨域环境事件，中央政府挂牌督办、批示，媒体报道、公众监督与抗争
激励因素	长三角区域一体化发展上升为国家战略、上海大市牵头、国家现代化建设大局和全方位开放格局中举足轻重的战略地位	泛珠三角区域合作全面上升为国家战略、广东大省牵头、国际国内强大的区位优势	京津冀协同发展上升为国家战略、中央政府规划、中央政府政策引导与资金资助	“锰三角”所在的集中连片特困地区属于国家发展战略区域、职位升迁承诺、中央政府的政策引导、中央专项资金支持、技术支持
动力因素	责任政府、利益共享、吸引高级要素和高端产业	责任政府、良好发展态势、优势互补、在发展中共享利益	责任政府、政治地域形象窗口，北京非首都功能疏解（带动周边产业发展）	责任政府、产业结构转变与绿色发展利益共赢、探索深层次跨界合作机制

资料来源：笔者根据相关资料整理。

三　跨域生态环境合作治理成效与问题

地方政府为解决发展中的困境或迫于各种压力，加强了跨区域合作，搭建了合作平台，建立了合作制度，大力推动生态环境联防联控、共建共享，区域生态环境明显改善。中国区域生态环境取得的成就离不开跨域合作共治起到的巨大作用。同时，当前生态环境风险依然严峻，要解决现有的环境问题，持续的跨域合作必不可少。我们从大气、水和土地治理来分析跨域合作治理的成效与问题。

（一）跨域生态环境治理成效

近些年，国家大力推进生态环境治理，尤其是加强跨行政区合作，协同推进蓝天保卫战、碧水保卫战、净土保卫战，生态环境保护成效显著。

1. 大气质量明显改善

根据历年中国生态环境状况公报，整体而言，除臭氧外，2016—2022年京津冀及周边地区、长三角地区、珠三角地区，PM2.5、PM10、一氧化碳、二氧化硫、二氧化氮污染物浓度有所好转（见表3-2）。以2022年的长三角地区为例，长三角地区PM2.5平均浓度为31微克/立方米，与2021年持平；PM10平均浓度为52微克/立方米，比2021年下降7.1%；二氧化硫平均浓度为7微克/立方米，与2021年持平；二氧化氮平均浓度为24微克/立方米，比2021年下降14.3%；一氧化碳日均值第95百分位数浓度平均为0.9毫克/立方米，比2021年下降10.0%；但臭氧日最大8小时平均值第90百分位数浓度平均为162微克/立方米，比2021年上升7.3%。

2. 流域治理成效显著

水资源利用和保护得到了加强，水质优良率、饮用水水源水质达标率、污水处理等指标明显提升。如表3-3所示，以长江、黄河和珠江水质为例，虽然水质不是很稳定，但2016—2022年流域水质逐年明显提升，Ⅰ类、Ⅱ类、Ⅲ类水质断面比例明显增加，尤其是Ⅰ类和Ⅱ类增加较快，占据水质的主体部分；劣Ⅴ类水质断面比例大幅度下降。尤其是2018年以来增加了省界断面的监测，长江、黄河和珠江的省界断面Ⅰ—Ⅱ类水质优于该河流的流域水质。

表 3-2　　2016—2022 年京津冀及周边地区、长三角地区、珠三角地区六项污染物浓度

单位：一氧化碳：毫克/立方米；其他：微克/立方米

地区	污染物	2016 年		2017 年		2018 年		2019 年		2020 年		2021 年		2022 年	
		数据	变化(%)	数据	变化(%)	数据	变化(%)	数据	变化(%)	数据	变化(%)	数据	变化(%)	数据	变化(%)
京津冀及周边地区	PM2.5	71	-7.8	64	-9.9	60	-11.8	57	-1.7	51	-10.5	43	-18.9	44	2.3
	PM10	119	-9.8	113	-4.2	109	-9.2	100	-3.8	87	-13.0	78	-11.4	76	-2.6
	O_3	172	6.2	193	12.2	199	0.5	196	7.7	180	-8.2	171	-5.0	179	4.7
	SO_2	31	18.4	25	-19.4	20	-31.5	15	-16.7	12	-20.0	11	-15.4	10	-9.1
	NO_2	49	6.5	47	-4.1	43	-8.5	40	2.6	35	-12.5	31	-11.4	29	-6.5
	CO	3.2	-13.5	2.8	-12.5	2.2	-24.1	2.0	0.0	1.7	-15.0	1.4	-22.2	1.3	-7.1
长三角地区	PM2.5	46	-13.2	44	-4.3	44	-10.2	41	-2.4	35	-14.6	31	-11.4	31	0.0
	PM10	75	-9.6	71	-5.3	70	-10.3	65	-3.0	56	-13.8	56	0	52	-7.1
	O_3	159	-2.5	170	6.9	167	0.6	164	7.2	152	-7.3	151	-0.7	162	7.3
	SO_2	17	-19.0	14	-17.6	11	-26.7	9	-10.0	7	-22.2	7	0	7	0
	NO_2	36	-2.7	37	2.8	35	-5.4	32	0.0	29	-9.4	28	-3.4	24	-14.3
	CO	1.5	0	1.3	-13.3	1.3	-7.1	1.2	0.0	1.1	-8.3	1.0	-9.1	0.9	-10.0

续表

地区	污染物	2016年		2017年		2018年		2019年		2020年		2021年		2022年	
		数据	变化(%)	数据	变化(%)	数据	变化(%)	数据	变化(%)	数据	变化(%)	数据	变化(%)	数据	变化(%)
珠三角地区	PM2.5	32	-5.9	34	6.2	—	—	—	—	—	—	—	—	—	—
	PM10	49	-7.5	53	8.2	—	—	—	—	—	—	—	—	—	—
	O_3	151	4.1	165	9.3	—	—	—	—	—	—	—	—	—	—
	SO_2	11	-15.4	11	0	—	—	—	—	—	—	—	—	—	—
	NO_2	35	6.1	37	5.7	—	—	—	—	—	—	—	—	—	—
	CO	1.3	-7.1	1.2	-7.7	—	—	—	—	—	—	—	—	—	—

注："变化"是指比上年变化的百分比。"—"表示无法获得整个区域的数据。

资料来源：笔者根据历年《中国生态环境状况公报》整理得出。

表 3-3　2016—2022 年长江、黄河、珠江流域水质状况

流域	年份	比例（%）						比上年变化（百分点）						水体
		Ⅰ类	Ⅱ类	Ⅲ类	Ⅳ类	Ⅴ类	劣Ⅴ类	Ⅰ类	Ⅱ类	Ⅲ类	Ⅳ类	Ⅴ类	劣Ⅴ类	
长江	2016	2.7	53.5	26.1	9.6	4.5	3.5	0.5	7.0	-7.0	0.2	1.8	-2.6	流域
	2017	2.2	44.3	38.0	10.2	3.1	2.2	-0.5	-9.2	11.9	0.6	-1.4	-1.3	流域
	2018	5.7	54.7	27.1	9.0	1.8	1.8	3.5	10.4	-10.9	-1.2	-1.3	-0.4	流域
		11.7	70.0	13.3	5.0	0.0	0.0	5.0	11.7	-15.0	-1.7	0.0	0.0	省界断面

续表

流域	年份	比例（%）						比上年变化（百分点）						水体
		Ⅰ类	Ⅱ类	Ⅲ类	Ⅳ类	Ⅴ类	劣Ⅴ类	Ⅰ类	Ⅱ类	Ⅲ类	Ⅳ类	Ⅴ类	劣Ⅴ类	
长江	2019	3.3	67.0	21.4	6.7	1.0	0.6	-2.4	12.3	-5.7	-2.3	-0.8	-1.2	流域
		3.3	81.7	13.3	1.7	0.0	0.0	-8.4	11.7	0.0	-3.3	0.0	0.0	省界断面
	2020	8.2	67.8	20.6	2.9	0.4	0	4.9	0.8	-0.8	-3.8	-0.6	-0.6	流域
		8.3	78.3	13.3	0	0	0	5.0	-3.4	0	-1.7	0	0	省界断面
	2021	7.5	70.7	18.9	2.4	0.5	0.1	0.2	-0.4	1.4	-0.7	0	-0.4	流域
		6.4	77.6	11.5	3.8	0.6	0	-1.3	3.2	-2.6	0	0.6	0	省界断面
	2022	11.8	68.2	18.0	1.9	0.1	0	4.8	-1.1	-2.5	-0.7	-0.4	-0.1	流域
黄河	2016	2.2	32.1	24.8	20.4	6.6	13.9	0.0	3.6	-0.7	2.2	-2.2	-2.9	流域
	2017	1.5	29.2	27.0	16.1	10.2	16.1	-0.7	-2.9	2.2	-4.3	3.6	2.2	流域
	2018	2.9	45.3	18.2	17.5	3.6	12.4	1.4	16.1	-8.8	1.4	-6.6	-3.7	流域
		2.6	59.0	7.7	15.4	7.7	7.7	0.0	35.9	-25.6	-2.5	0.0	-7.7	省界断面
	2019	3.6	51.8	17.5	12.4	5.8	8.8	0.7	6.5	-0.7	-5.1	2.2	-3.6	流域
		2.6	56.4	12.8	10.3	10.3	7.7	0.0	-2.6	5.1	-5.1	2.6	0.0	省界断面
	2020	6.6	56.2	21.9	12.4	2.9	0	3.0	4.4	4.4	0	-2.9	-8.8	流域
		5.1	69.2	7.7	12.8	5.1	0	2.5	12.8	-5.1	2.5	-5.2	-7.7	省界断面
	2021	6.4	51.7	23.8	12.5	1.9	3.8	0.8	-2.0	3.3	0.9	-1.8	-1.1	流域
		8.1	62.2	17.6	8.1	0	4.1	2.8	-3.1	4.3	0.1	-4.0	0.1	省界断面

续表

流域	年份	比例（%）						比上年变化（百分点）						水体
		Ⅰ类	Ⅱ类	Ⅲ类	Ⅳ类	Ⅴ类	劣Ⅴ类	Ⅰ类	Ⅱ类	Ⅲ类	Ⅳ类	Ⅴ类	劣Ⅴ类	
黄河	2022	7.2	57.8	22.4	8.4	1.9	2.3	0.8	6.1	−1.4	−4.1	0	−1.5	流域
珠江	2016	2.4	62.4	24.8	4.8	1.8	3.6	0.6	1.2	1.2	−3.6	0.6	0.0	流域
	2017	3.0	56.4	27.9	6.1	2.4	4.2	0.6	−6.0	3.1	1.3	0.6	0.6	流域
	2018	4.8	61.8	18.2	7.9	1.8	5.5	1.8	5.4	−9.7	1.8	−0.6	1.3	流域
		11.8	76.5	11.8	0.0	0.0	0.0	5.9	17.7	−23.5	0.0	0.0	0.0	省界断面
	2019	3.6	69.1	13.3	9.7	1.2	3.0	−1.2	7.3	−4.9	1.8	−0.6	−2.5	流域
		11.8	82.4	5.9	0.0	0.0	0.0	0.0	5.9	−5.9	0.0	0.0	0.0	省界断面
	2020	9.1	67.3	16.4	6.1	1.2	0	5.5	−1.8	3.1	−3.6	0	−3.0	流域
		11.8	82.4	5.9	0	0	0	0	0	0	0	0	0	省界断面
	2021	9.1	62.1	21.2	5.2	1.4	1.1	2.5	−1.1	0.3	−1.1	−0.2	−0.3	流域
		20.0	66.7	11.1	2.2	0	0	2.2	−6.6	4.4	0	0	0	省界断面
	2022	10.4	63.5	20.3	4.9	0.5	0.3	1.3	1.4	−0.9	−0.3	−0.9	−0.8	流域

注：2018 年、2019 年、2020 年、2021 年增加了省界断面水体的水质。

资料来源：笔者根据历年《中国生态环境状况公报》整理得出。

3. 水土环境明显好转

中国土壤环境质量状况总体稳定，耕地资源得到了有效保护，水土流失明显好转，农业污染有所改善。耕地质量稳步提升，根据《2019年全国耕地质量等级情况公报》，2014—2019年，耕地面积由18.26亿亩增加到20.23亿亩，其中，一等至三等耕地（高等地）的面积由4.98亿亩（占比27.3%）增加到6.32亿亩（占比31.24%），四等至六等（中等地）的面积由8.18亿亩（占比44.8%）增加到9.47亿亩（占比46.81%），七等至十等（低等地）的面积则由5.10亿（占比27.9%）降低到4.44亿亩（占比21.95%）。水土流失状况明显改善，水利部组织完成的2021年度全国水土流失动态监测结果显示，十年来中国水土流失面积强度“双下降”、水蚀风蚀“双减少”态势进一步巩固，水土流失状况持续向好，生态环境继续改善。其中，与2011年第一次全国水利普查结果相比，2021年京津冀地区、长江经济带、西北黄土高原水土流失面积分别减少16%、13%、13%。农业面污染有所改善，化肥、农药利用率进一步提高，2019年中国水稻、玉米和小麦三大粮食作物化肥利用率为39.2%，比2017年提高1.4%，比2015年提高4%；农药利用率为39.8%，比2017年提高1%，比2015年提高3.2%。

（二）跨域生态环境风险治理问题及分析

1. 跨域生态环境存在的问题

中国生态环境取得巨大成就的同时，问题也不容忽视。一是大气质量需进一步加强和巩固。如表3-2所示，2016—2022年京津冀及周边地区、长三角地区、珠三角地区的PM2.5、PM10、一氧化碳、二氧化硫、二氧化氮污染物浓度虽有好转，但还存在一定比例污染物浓度超标的天数，重度及以上污染现象并未消除，尤其是臭氧浓度偏高，反弹现象也较多。根据中国生态环境状况公报，以2022年京津冀及周边地区为例，京津冀及周边地区“2+26”城市环境空气质量优良天数比例范围为59.2%—78.4%，平均为

66.7%，比2021年下降0.5个百分点。平均超标天数比例为33.3%（由沙尘天气导致的平均超标天数比例为1.9%），其中，轻度污染为25.1%，中度污染为6.0%，重度污染为1.9%，严重污染为0.2%。虽然重度及以上污染天数比例比2021年下降0.9个百分点，但2022年重度污染以上污染天数比例仍然达到了2.1%，且严重污染并未消除。二是流域水质有待改善。三大河流水质改善的同时，我们也要警惕水质的稳定性，稍有放松则会加重污染，同时，目前一定数量的Ⅳ—Ⅴ类的水质还存在，尤其是劣Ⅴ类废水未被消除，水质改善也非短时间能见效（见表3-3），需要不断加强管控。三是土地治理任重道远。受自然环境、经济开发与城市扩展的影响，耕地面积不稳定，劣质的低等地还占较大的比重，2019年仍有4.44亿亩，占总面积的21.95%。2018年水土流失动态监测成果显示，全国水土流失面积273.69万平方千米，占全国国土面积（不含港澳台）的28.6%。其中，水力侵蚀面积115.09万平方千米，风力侵蚀面积158.60万平方千米。另据水利部2021年度全国水土流失动态监测结果，2021年全国水土流失面积267.42万平方千米，其中，水力侵蚀面积为110.58万平方千米，风力侵蚀面积为156.84万平方千米。虽然水土流失面积在减少，但总体而言，形势不容乐观。同时，土地荒漠化和沙化仍然较为严重，2019年根据第五次全国荒漠化和沙化监测结果，全国荒漠化土地面积为261.16万平方千米，沙化土地面积为172.12万平方千米。根据岩溶地区第三次石漠化监测结果，全国岩溶地区现有石漠化土地面积10.07万平方千米。农业面污染较为严重，2019年水稻、玉米和小麦三大粮食作物化肥利用率为39.2%，农药利用率为39.8%，远低于发达国家50%的水平。每年地膜使用量约130万吨，超过其他国家的总和，地膜“白色革命”和“白色污染”并存。

2. 跨域生态环境问题简析

以上生态环境治理问题的出现有多种原因，其中与跨行政区合作程度及治理方式不无关系。虽然跨域生态环境风险有其自身的特性，决定了其治理的特殊性及其难题，但生态环境风险全过程治理意识不强，合作中的“囚徒困境”明显，进一步导致生态环境事件发生。虽然开展了跨域合作治理，但面临经济发展与环境冲突矛盾，以及“属地管理”和行政区行政的存在，各地为发展行政区经济也就一定程度上牺牲了环境。所搭建的跨域合作平台大多为临时机构，联席会议次数有限，而且目前跨域合作并未改变“属地管理”的困境，不能全天候全过程地对生态环境风险进行管理，“重处置、轻预防”，以事后响应和处置为主，带有运动式的特点，加大了生态环境风险发生的概率。前移生态环境风险治理关口，将全过程管理嵌入跨域治理中，强化跨域全过程治理及跨域治理能力建设，推进跨域生态环境风险的事前预防、事中治理和事后修复的联动和一体化，既是跨域治理的关键，也是一个值得研究的重大课题。我们后续将开展进一步深入研究。

第二节　跨域生态环境风险特性及其治理困境

中国跨行政区尤其是省际行政交界区生态环境风险具有跨域性、脆弱性、多发性、突发性、扩散性、衍生性以及治理的碎片化等多种特性。这些特性与治理困境，加之长期轻事前防范、重事后响应与补救，致使环境风险防不胜防，加大了跨域生态环境风险发生概率和危害程度。

一　生态环境风险的跨域性与脆弱性及其治理困境

我们在此以生态环境脆弱区来分析生态环境风险的跨域性与脆弱性。中国具有生态风险高发性的生态环境脆弱区大多位于行政交界区尤其是省际交界区，或者说生态环境风险具有跨域性和脆弱性。所谓生态环境脆弱区是指生态系统组成结构稳定性较差，抵抗外在干扰与维持自身稳定的能力较弱，易于发生生态退化且难以自我修复的区域，具有跨行政区的特性（刘军会等，2015）。

脆弱性是影响个人、群体受灾概率及灾后恢复能力的特质，这一特质可能来自居住的自然环境，也可能来自个人或群体所处的社会情境（周利敏，2012）。Blaikie（1994）将脆弱性分为物理脆弱性、经济脆弱性和社会脆弱性，是一个地区自然脆弱性与社会脆弱性的综合衡量，由暴露、抵抗力、恢复力构成。联合国认为脆弱性是指由自然、社会、经济和环境因素及过程共同决定的系统对各种胁迫的易损性，也有学者认为脆弱性指人群、系统或其他感受体承受环境或社会经济方面的干扰和压力而受伤害的能力，主要表现在物质、组织管理及意识等方面（张小明，2015）。由此，生态脆弱区形成的原因既有自然界客观本身诸如地理位置、经济水平、土壤地质等问题，也可能是由人为防控意识和措施造成的。

中国行政交界区生态环境具有天然的脆弱性。2008 年环境保护部印发的《全国生态脆弱区保护规划纲要》将东北林草交错生态脆弱区、北方农牧交错生态脆弱区、西北荒漠绿洲交接生态脆弱区、南方红壤丘陵山地生态脆弱区、西南岩溶山地石漠化生态脆弱区、西南山地农牧交错生态脆弱区、青藏高原复合侵蚀生态脆弱区、沿海水陆交接带生态脆弱区 8 个区域确定为生态脆弱区。虽然未发布全国生态脆弱区空间分布图，但结合省际交界区情况，可知这 8 大生态脆弱区基本分布在跨省交界区。中国环境科学研究院、生态环境部相关研究人员刘军会等（2015）结合政府文件和已有的研究成果，识别出全国生态脆弱区分布范围，具体包括：①古尔班通古特沙漠边缘；②塔克拉玛干沙漠边缘；③黑河流域中下游；④腾格里与乌兰布和沙漠边缘；⑤毛乌素沙地；⑥阴山北麓—浑善达克沙地；⑦科尔沁沙地；⑧呼伦贝尔沙地；⑨横断山；⑩黄土高原丘陵沟壑区；⑪三峡库区；⑫大别山；⑬罗霄山；⑭黄山；⑮仙霞岭—武夷山；⑯天山；⑰西南喀斯特地区；⑱羌塘高原 18 个区域。参阅相关地图可知，除古尔班通古特沙漠边缘、塔克拉玛干沙漠边缘、仙霞岭—武夷山、天山等之外，其他生态脆弱区都分布在省际行政交界区。我们也可以从另一个角度来说明中国跨域生态环境的天然脆弱性。集中连片特困地区生态环境具有天然的脆弱性。14 个集中连片特困地区地处革命老区、少数民族区、交通不便区，又是山区、沙漠化区或高原区，自然条件特别恶劣，是公认的生态环境脆弱区，而这 14 个集中连片特困地区除西藏、新疆南疆三地州、滇西边境山区外，其他 11 个片区都在多省交界区，其中秦巴山片区处在六省交界区。

人为因素加剧了生态环境跨域风险及跨域脆弱区域的形成，造成治理上的困境。目前生态环境风险由自然风险向社会风险转变，人为造成的生态环境风险日益增加，乌尔里希·贝克（2022）认为人类面临的风险由自然风险为主导向人为不确定性主导风险转变。行政交界区人为造成生态脆弱区并引发生态环境风险概率更大。法国学者克洛伊杜维威尔（Duvivier C.）（2013）以 253 家河北省污染型企业为样本，进行了为期六年的调研后，发表了论文《跨域污染在中国：河北省污染企业选址研究》，认为排除不同县市的面积、人口、受教育程度、人均国民收入和邻近省份县市的市场和资源空间等因素的影响后，越靠近省际边界的县市，吸引污染企业投资建厂的概率越大，也就是说，污染企业更倾向于在跨省域边界县市设厂，加剧了跨域生态环境脆弱区的形成，加大了生态环境风险发生的概率和治理难度。其原因在于：各省际行政交界区远离行政中心，行政区划分割造成各行政区之间各自为政，地方保护主义与不正当争利避害行为盛行，尤其是这些地区往往矿产丰富，无序的矿产开采进一步恶化了生态环境（徐元善和金华，2015）；各自为政让边界地带易成监管盲区，选建在这个“敏感地带”，上游省份缺乏动力，下游省份没有权力，企业在此能相对有效地规避环保监控，避免大城市高昂的“治污成本”（李思倩，2015）；邻近城市环境规制执行存在显著的空间溢出效应，部分企业选择跨地迁移，而非就地创新，加大了污染风险（金刚和沈坤荣，2018）；“‘省直管县’改革进一步强化了县级政府之间的横向竞争和地级市政府之间的纵向竞争，加剧了市场分割，造成区域间统筹协调更加困难，环境公共治理提供不足”（蔡嘉瑶和张建华，2018）。跨域生态环境风险全过程治理缺乏也是一个重要因素，尤其是行政区之间防范意识不足，难以避免环境风险频发（贾先文等，2021）。一系列问题和缘由导致行政交界区成为“污染避难所”，加剧了跨域生态脆弱性和治理难题。而且跨行政区的数量、跨边界连绵的距离、距离行政中心的距离等跨域状况与生态脆弱程度呈正相关（见图 3-1）。

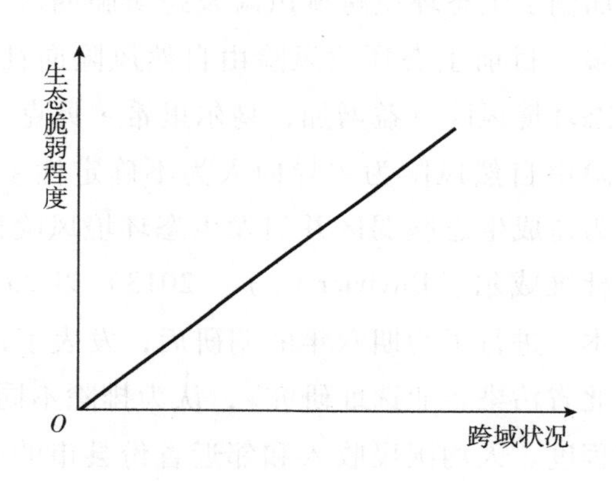

图 3-1　跨域状况与生态脆弱性关系

二　跨域生态环境风险的高发性与突发性及其治理困境

根据“环境库兹涅茨曲线”（Environmental Kuznets Curve, EKC）理论，中国生态环境风险正处于爬坡过坎和达到拐点后呈下降的交汇期，也处于生态环境风险高发期。同时，中国生态环境风险也具有突发性。相关数据显示，近些年，虽然中国突发环境事件整体上处于下降趋势，但在数量上仍居高不下（见图 3-2），2011—2021 年总共达到 4159 起，其中已知的重大和较大环境事件就达 102 起（不包括未查到的 2018 年、2019 年和 2020 年数据）。虽然国家严控严管，突发环境事件呈下降趋势，但发生事件较少的 2021 年也达到了 199 起，重大和较大突发环境事件就达到 11 起。

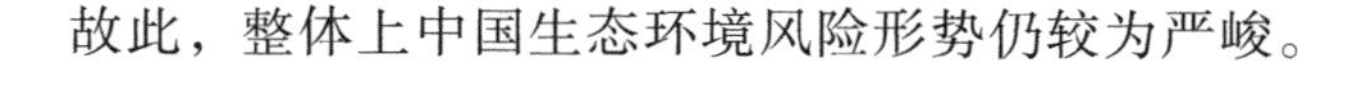
故此，整体上中国生态环境风险形势仍较为严峻。

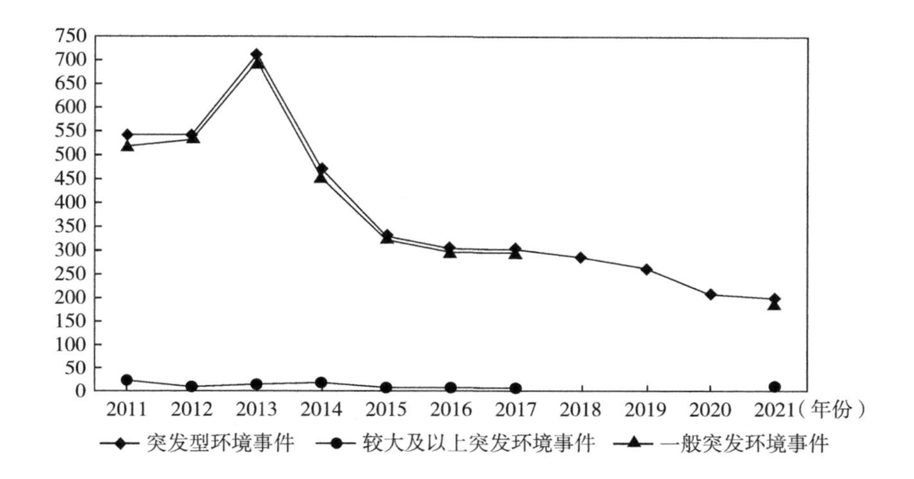

图 3-2　2011—2021 年中国突发生态环境事件

注：2018—2020 年只有突发环境事件总数，未查到其重大和较大环境事件。

资料来源：王文琪等：《基于多源流框架的生态环境风险防范体系研究》，《环境污染与防治》2019 年第 9 期。历年《中国生态环境状况公报》。

当前，跨域生态环境风险突发事件频发，影响范围广泛、程度深、危害大。生态环境事件不断突破风险源所在地，迅速跨越行政边界，演变为区域生态环境事件。近年来，爆发了一系列突发生态环境污染事件，无一未跨越行政边界，危及区域发展的。尤其是涉水突发环境事件特多，占一半以上（於方等，2020），而涉水突发环境污染传播速度快、影响大、处置难度高、水体中的污染物难以控制，不仅造成水质污染，而且危及人的生命安全。

造成跨域生态环境风险高发性、突发性的因素很多，防治也较为困难。风险源可能是自然灾害，也可能是人类活动致灾。气象、海洋、洪水、地质、地震、森林、生物、天文等自然灾害，最后都会对区域生态环境造成影响，诸多行政交界区尤其是省际交界区属于突发生态环境事件的脆弱区，具有潜在自然灾害因子，极易造成生态环境风险，防范难度较大。当前，生态环境风险由自然风险向社会风险转变，风险源更多的是来自人类活动，人为造成的生态环境风险日益增加，由自然风险为主导向人为不确定性主导风险转变（Barbara Adam，et al.，2000）。中国经济发展中的以重化工为主的产业结构、以煤为主的能源结构、以公路为主的运输结构等没有根本改变，根源性、区域性、布局性、结构性的环境风险仍然突出，加之相关主体生态环境风险意识欠缺，防范措施不到位，生态环境风险多发频发态势仍然存在。工农业生产、资源开发、物流交换、居民生活、国际国内贸易等经济活动都可能是生态环境风险的致灾体，尤其是地处行政交界区的生态脆弱区对人类生产、生活活动具有特殊敏感性，加之行政交界区往往远离行政中心，生态环境脆弱，全过程监管相对薄弱，极易受到不当的人为开发活动影响而产生生态环境风险，造成跨域生态环境事件。由于生产发展、技术进步、人口扩张，资源要素的流动性、交互性增强，加大了跨域生态环境风险发生的概率，生态环境风险由地域性、局部性演变为区域性、系统性，超越了地理界限和限制，突破了政治边界，乃至引发为全球性的风险（Piet Strydom，2002）；尤其是经济社会相互依存、交融关系复杂和联系动态程度高的行政区域间，环境风险的跨域性更为明显。同时，不仅自然灾害造成的生态环境风险具有突发性，人类活动引发的生态环境风险都具有突发性。中国典型的生态环境事件大多由生产安全事故、交通运输事故、企事业单位个人违法排污等造成，不仅生产安全事故、交通运输事故发生在一瞬间，企事业单位个人违法排污积累到一定程度，超过生态环境的承载力临界点时就会突发生态环境事件。另外，生态环境风险源与受灾场域往往是分离的、治理过程也是不顺畅的，在缺乏跨域防范意识的状况下，一个地区暴发生态环境风险，另一个地区在毫不知情、没有风险征兆的情况下迅速被殃及、受到影响，突发性特点更为明显，防治较为困难。

三 跨域生态环境风险的扩散性与衍生性及其治理困境

德国社会学家乌尔里希·贝克（2022）在《风险社会：迈向一种新的现代性》中提出风险社会概念，认为人类与风险共存，人类社会自始至终是一个风险社会。吉登斯（2001）拓展贝克的风险社会理论，但两者一致认为原本起源于自然终结和传统终结的外部风险占主导地位转变成了人造风险占主导地位，也就是人类步入了风险社会。的确，近代以来，人类成为风险的主要制造者，风险的特征与结构发生了根本性转变，由此产生了现代意义的风险和风险社会（刘成斌和黄宁，2020）。有学者将环境污染、生态恶化等称为“现代风险”（丁烈云等，2012），而众多的生态环境风险一旦在风险场中发生，如果得不到及时有效控制，将会人为地被放大，迅速扩散到周围的风险对象，此对象可能因物理、化学反应而产生新的风险，整个风险呈“链”式传递，形成风险链，不断扩展到其他对象，演变升级，具有很强的涟漪效应和溢出效应，其影响范围与程度不断扩大，跨越地理界限、功能界限、时间界限，并向不可预见方向扩散，参与主体不断扩大，衍生出不同程度的一系列风险。风险的扩散有单向式扩散方式、辐射式扩散方式、汇集式扩散方式等多种方式，单向式扩散方式是突发事件扩散较为普遍的一种方式，辐射式扩散方式是同一事件向若干下级事件进行扩散的方式，汇集式扩散方式是指若干上级次生事件向同一次生事件扩散的现象（吴国斌等，2008）。在信息传播社会，生态环境风险的扩散方式不限于一种，而是具有多样性，形成事件扩散的复杂网络，出现连锁反应，形成由若干衍生风险组成的链状或者网状结构。这种网络形式和蝴蝶效应往往会进一步扩散，放大风险的危害。风险源虽仅在一个行政区，但一般而言风险不会局限于某个行政区，而是会迅速地影响邻居区域，尤其是如前所述的大气污染、水体污染，具有明显的污染空间外溢特征，扩散速度快、影响范围广、不易控制。同时，风险将会从原发领域迅速扩展到其他领域，对江海河湖、土地、农作物、自然资源等造成影响，危害人类健康，对受灾体的影响由物理实体空间向难以把控的隐形虚拟空间、心理空间演化（钟开斌和钟发英，2016），迅速波及经济、社会和政治等多个领域，风险也随之不断升级：环境风险→经济风险→生存风险→社会风险→政治风险，而且风险破坏程度会不断增强，越到后面越能产生持续的扩散动力，给国家、社会和公众带来了巨大灾难。由于衍生事件的强化性、极限性使其具有持续传递扩散动力的能力和产生持续的极限扩散动力，又因具有可逆性和退化性可减轻扩散动力的传递或逐渐丧失扩散动力传递的能力，是减轻还是加剧扩散动力的传递取决于对生态环境风险全过程治理的把控程度。

跨域生态环境污染具有空间外溢性，各个行政区之间责任不清、互相推诿、“集体行动困境”严重，全过程监管不到位，延误生态环境治理时机，为生态环境风险扩散埋下了祸根，难以避免地引发更多的次生风险，造成更大危害。比较典型的是武陵山片区湘渝黔边“锰三角”生态环境风险事件。该事件使生态环境遭到极大的破坏，清水江受到严重污染，影响了当地居民的生产与生活，甚至威胁着居民的生命安全。为此，当地民众通过各自渠道向各级政府反映，最终国家要求环保部门深入调查，提出治理方案，才控制了事态的恶化（贾先文等，2018）。但事件的影响并未结束，资料显示，当前锰渣仍然泛滥，锰渣渗漏污染等遗留问题依然突出，河流完全清淤也非短时间能完成（周凯等，2019）。另一组较为典型的系列案例是邻避设施衍生的“邻避冲突”。所谓邻避设施就是设施营运效用为广大民众共享，其负外部效应却要由设施所在地的周边居民承受。这种外溢性极强的公共服务设施，容易遭到周边居民强烈抵制。据统计，当前中国因环境邻避设施选址、建设及运营引发的环境群体性事件每年以约30%的增长率发生（李爽，2018）。建设垃圾填埋厂、PX化工项目、核电厂、污水处理厂等设施引起附近居民无安全感和引发恐慌，进一步衍生舆情和社会恐慌，甚至引发恶性群体性事件，对政府公信力、社会稳定和社会秩序造成了较大的影响（詹国彬和许杨杨，2019）。

四　跨域生态环境风险治理的碎片化困境

新公共管理运动变革，强调运用市场逻辑，采用分权、竞争、私有化等方法，回应顾客的需求与偏好，提高公共服务的效率。但在引入竞争机制的同时，忽视组织间的协调与合作，造成了碎片化的制度结构。“碎片化”是著名学者佩里·希克斯分析组织功能分化的一种隐喻，指不同的功能和专业的组织之间，囿于缺乏协调而不能有效沟通、团结与合作，致使不同组织各自为政而难以处理共同的难题，导致组织间个别或者整体目标执行失败或执行效果不佳。中国跨域生态环境风险治理的碎片化特性较为严重，治理效率不高、效果欠佳。

第一，跨域生态环境风险治理主体碎片化。一是跨域各行政区政府横向治理碎片化。各行政区有自己的管辖范围，行政区政府间零碎化的权威使治理块块分割，中央政府相关治理部门协调困难，行政区外的政府和治理部门成为行政区的“无人地带”和“外部领域”。生态环境非竞争性与非排他性决定了排除“免费搭车”在技术上具有一定的难度，出现了各行政区“搭便车”的可能性，最后的博弈结果表现为没有任何一个行政区政府开展治理的“囚徒困境”。省际行政区协调难度较大，其跨域碎片化治理难题相对更大。二是政府各层级纵向治理碎片化。政府各层级之间有自己的权与责，将生态环境风险治理按严重程度分配为不同层级的政府管理，如果权责清晰，“分包”治理则无可厚非，但各层级责任模糊、职责边界不清，协同不够，财权与事权不完全匹配，碎片化困境就会凸显。三是政府各部门碎片化。生态环境风险治理涉及环境保护、水利、应急、农业农村、自然资源、安监、公安、交通、卫生、科技等一系列部门，各部门在行使自己权力的同时，往往以利益为中心，争取有利益的权力，推诿责任，部门间的工作难以得到协调，出现碎片化困境，降低治理效率。四是政府、企业、社会组织和公众等多主体治理碎片化。在生态环境风险治理中，政府、企业、社会组织和公众有自己的权责或范围，但政府处于强势地位，企业、社会组织和公众参与不够，且各参与主体未得到有效协调和整合，难以实现“1+1>2”的效果。同时，政府、企业、社会组织、公众内部碎片化也较为突出。

第二，跨域生态环境风险治理政策碎片化。在全国性的生态环境保护政策基础上，中国各行政区拥有一定的立法权，尤其是省级行政区则根据需要制定了一定的生态环境法规制度，但所制定的制度相互之间缺乏有效的衔接与融合，导致地方间政策碎片化、部门间政策碎片化、部门与地方间政策碎片化、先前与后续政策碎片化等一系列政策关系的碎片化，以及政策价值碎片化、政策目标碎片化、政策实现资源碎片化、政策执行碎片化等一系列政策内部要素的碎片化（张玉强，2014）。政策不同、标准不一甚至冲突，涟漪效应和溢出效应日益凸显，行为者在生态环境治理中趋利避害，造成跨域生态环境风险管治困难，“囚徒困境”甚至“以邻为壑”现象时有发生，严重影响了政策扩散的质量和治理效果，国家环保政策效应也难以完全发挥，使跨域治理陷入“高成本、高风险”的恶性循环的困局（徐元善和金华，2015），跨域生态环境风险防不胜防，污染发生后的治理也是各自为政，难以形成合力。

第三，跨域生态环境风险治理手段及过程的碎片化。一般而言，治理手段有政府—市场“二元说”或者政府—市场—社会“三元说”，但无论是“二元说”还是“三元说”，对生态环境风险而言都不适应，而是应该采取跨越治理手段边界，实现政府、市场、社会协同治理的“协同说”，因为生态环境风险具有复杂性、跨域性、衍生性，政府或市场拥有的资源、能力有限，其机制各有优劣，需要吸纳政府、企业、公众、社会组织合作，利用行政机制、市场机制、社会机制应对复杂的生态环境治理。但目前生态环境治理大多以政府为主导，利用行政机制配置资源，市场机制、社会机制被动地在某些领域或环节“拾遗补阙”地参与治理。政府、市场、社会的治理方式有别、目的不同、目标各一，政府利用行政机制各自调配管辖范围内的资源，市场以趋利为目标参与生态环境治理，社会机制在有限的范围内发挥着有限的作用，三者缺乏协调联动和有机配合，无法有效整合各自优势和发挥应有的效能，达到预防环境风险、处置环境事件、修复环境危害的目的。治理手段较为单一，各类不同利益群体防范、监督意识与机制的缺乏，反应迟缓，易导致污染事件发生，即使在环境风险发生后，各种机制也难以形成合力，需要强大的外部力量干预才能促成合作共治。

第四，跨域生态环境风险治理信息碎片化。虽然各地通过建立信息公开平台，向社会公布相关信息，接受社会公众监督，但跨域生态环境信息碎片化使信息供给无法满足社会公众的需求，无法回应公众的需要，容易引发社会矛盾。信息系统条块结合，条块间缺乏有机联系，府际间尤其是省际政府之间缺乏沟通，已有各平台的信息来源不一、口径不同、标准不统一，所共享的信息深度与广度不够。一方面，生态环境信息提供、流动、公开层级过长，容易造成信息失真。另一方面，在信息时代，各类信息尤其是负面的生态环境信息传播往往会打破科层结构禁锢，表现为点到面的裂变式传播路径，实现在各级政府间、社会公众间实时流动，管控不好，容易引发负面舆情和社会危机。而且跨域生态环境数据并未得到进一步分析、处理、挖掘、合成与提炼，大数据的效能发挥不够，社会公众即使获取了原始信息，在缺乏相关专业知识的情况下，也很难从获取的信息中掌握生态环境整体概貌和自己需要的资料，制约了社会公众参与治理的力度（贾先文，2021）。

第三节　跨域生态环境风险特性及治理困境倒逼全过程治理

在上述特性下，跨域生态环境风险全过程治理按照自己的逻辑运行，“遵循”着事前为利益引发生态环境风险隐患、事中诸于外部效应“免费搭车”、事后多重高压下合作联动的演进过程和逻辑，也就是遵循“先污染—再治理”的逻辑，生态环境风险事前预防、事中治理与事后恢复这一个过程是脱节的，各地政府并未主动加强生态环境风险防范、联动治理，而是在事件暴发造成了较大危害后，才加强合作治理，促进生态环境恢复。跨域生态环境风险全过程的割裂及扭曲的治理模式，交易成本和危害巨大，给社会和居民带来了较大的灾难和难以修复的阵痛，造成了一系列矛盾或冲突，需要强化跨域生态环境风险全过程治理。优质生态环境供求矛盾、治理碎片化与生态环境整体性悖论、生态环境脆弱性与区域应对能力不匹配、生态环境扩散性和衍生性与传统应急体制抵牾，倒逼跨域生态环境风险全过程治理。

一 优质生态环境的供求矛盾倒逼跨域全过程治理

中国社会主要矛盾已经转化为人民日益增长的美好生活需要和不平衡不充分的发展之间的矛盾。其中，优质生态环境供求矛盾是当前中国社会主要矛盾的重要组成部分。根据供求理论，优质生态环境“供”小于“求”，将导致价格上涨，影响居民福利。解决的路径是通过增加优质生态环境服务供给，化解供需矛盾。这将倒逼生态环境风险全过程治理。

（一）优质生态环境的供求矛盾

一方面，优质生态环境成为人们的重要需求。马斯洛提出了一个从低级到高级的“五层次需要理论”，马克思把人的需要划分为“人的自然需要、人的社会需要、人的自由全面发展需要”递进的三层次。两理论都认为人类不断追求高层次的需求。人类生存和发展离不开生态环境，空气、水、土地、气候和动植物所构成的生态环境是人类赖以存在的基本条件。为谋求生存和发展，人类不断地改造自然，以获取生产资料和生活资料，但不断得到了自然界的惩罚。随着经济发展和收入增加，在物质生活得到足够满足后，人们开始关注生态环境保护问题，对优美的生态环境要求越来越高，期盼日益迫切与强烈，从过去“要温饱”发展到“要环保”、从过去“求生存”发展到“求生态”，人们不仅满足于有空气、有水、有土地、有食物，而且要有清洁的空气、干净的水、无污染的土地、安全的食品，生态环境质量成为人们判断生活幸福指数高低的重要指标。以绿色农业产业发展为例，当前中国农业产业发展的主要矛盾已经发生了改变，由过去的总量不足发展为绿色优质生态农产品供给不足，要利用人们对环保产业的需求，发挥农村绿水青山、田园风光、乡土文化等独特的优势，大力发展生态旅游、休闲旅游，促进农业发展（韩俊，2017）。资料显示，2019 年乡村休闲旅游业接待游客约 32 亿人次，营业收入达 8500 亿元，直接带动吸纳就业人数 1200 万，带动受益农户 800 多万户（马爱平，2020）。2020 年受新冠疫情影响，全国乡村休闲旅游接待游客约 26 亿人次，营业收入 6000 亿元，吸纳就业 1100 万人，带动农户 800 多万（智研咨询，2022）。《全国乡村产业发展规划（2020—2025 年）》估算，到 2025 年全年接待游客人数超过 40 亿人次，经营收入超过 1.2 万亿元，年均复合增速将达到 3.8%。乡村休闲旅游业迎来的将是万亿级的市场。这就是“绿水青山就是金山银山”的生动写照和重要实现渠道。人们对绿色农产品需求旺盛可以通过需求弹性表现，研究表明购买绿色农产品的意愿溢价需求弹性较高，除豆制品的意愿溢价需求弹性为 2.07 外，其他品种的意愿溢价需求弹性均超过 2.27，充分证明了人民群众对优质农产品的渴求（靳明和赵昶，2008）。也有研究显示：尽管绿色有机农产品价格会比一般农产品高，出于健康和食品安全考虑，78.3%的受访者表示愿意购买有机农产品（王晴，2020）。综上，人们对优质生态环境的需求非常强烈，生产与消费正在向绿色化和生态化方向发展，绿水青山也正在成为经济的新增长点。

另一方面，优质生态环境供给不足。党和国家高度重视人民群众对优质生态环境的期盼，习近平总书记提出了“绿水青山就是金山银山”科学论断，并深刻指出：“我们要建设的现代化是人与自然和谐共生的现代化，既要创造更多物质财富和精神财富以满足人民日益增长的美好生活需要，也要提供更多优质生态产品以满足人民日益增长的优美生态环境需要。”（习近平，2017）党的十八大将生态文明建设与经济建设、政治建设、文化建设、社会建设一起作为“五位一体”的总体布局统筹推进，党的十九大报告强调加快生态文明体制改革，以满足人民日益增长的优美生态环境需要，党的十九届四中全会提出生态环境治理体系与治理能力现代化，建设美丽中国。党的二十大提出“我们要推进美丽中国建设，坚持山水林田湖草沙一体化保护和系统治理，统筹产业结构调整、污染治理、生态保护、应对气候变化，协同推进降碳、减污、扩绿、增长，推进生态优先、节约集约、绿色低碳发展”（习近平，2022）。围绕生态环境保护，中国颁布了一系列法律法规制度，并积极推进生态环境跨区域合作，开展蓝天保卫战、碧水保卫战、净土保卫战、建设美丽乡村等一系列措施，以不断提升人民群众的需求，增强人民群众的获得感、幸福感、安全感，收到了很好的效果。但是，中国生态环境供给不足，无法满足人民群众的需求。中国自然生态环境先天不足，水、土地、能源矿产等资源短缺、人均量少、环境容量有限。在长期发展过程中，积累了大量生态环境问题，加之生态环境风险的特点和行政区之间生态环境治理的“集体行动困境”，导致生态环境风险频发，影响着群众身体与心理健康，威胁着人们的生存、发展与社会稳定，与人民群众的需求相去甚远。如前所述，当前中国存在一定比例污染物浓度超标的天数，雾霾频现，重度及以上污染现象没有消除，居民所期待的洁净空气难以得到满足；存在一定数量的Ⅳ—Ⅴ类的水质，尤其是劣Ⅴ类废水未被消除，突发性水污染时有发生，威胁着居民的生产和生活；高等耕地仅占总数的31.24%，大量的是中、低等耕地，土地荒漠化和沙化仍然较为严重，农业产量不高甚至颗粒无收，农民收入无保障，国家粮食安全具有不确定性；农药、化肥利用率低，农业面污染较为严重，获取理想的人居环境和绿色实物较为困难。正如被誉为当代最前沿的科学家与思想家之一的拉兹洛所言：以空气、水源和土壤污染为代表的生态环境危机是人类“未来面临的最重大挑战——比健康、人权、人口增长和贫富悬殊等问题更重要”（拉兹洛，2002）。

（二）优质生态环境的供求矛盾对跨域全过程治理的倒逼

人们对美好的生态环境需求与生态环境供给严重不足矛盾是新时代中国社会的主要矛盾之一。这种矛盾体现在日常的生产与生活中。矛盾激化时，可演化为群体性事件，产生放大效应，造成一定的社会影响和政治影响。在化解优质生态环境的供需矛盾中，人们的需求应该得到理解和尊重，故此，解决的思路主要是从“供给”着手，通过创造优质生态环境，增加生态环境供给量，解决供需矛盾。而解决供给的重要路径之一是推进区域合作，协同加强生态环境保护和风险预防，推进跨域生态环境风险全过程治理。

在推进跨域生态环境风险全过程治理中增加优质生态环境供给。如前所述，生态环境具有跨域性、脆弱性，尤其是人类活动造成的生态环境风险日益增加，必须树立全过程治理思维，加强跨域联动，将生态环境风险事前、事中、事后贯通起来，做到纵向到底、横向到边，管控源头、强化过程，实行生态环境保护常态化，破解生态环境困境。从生态环境风险合作预防着手，提供安全优质的生态环境；当生态环境突破了“防线”，出现生态环境事件，就必须更加强化合作共治，防止生态环境扩散和次生事件的发生，尽快恢复生态。首先，加强生态环境跨域防控联动，提供优质生态环境。坚持预防在先，落实新发展理念，坚持以人民为中心，加强对自然灾害的预警预报，完善区域防范设施，遏制自然灾害对生态环境的破坏；发展与区域生态环境承载力相匹配的产业，各行政区合作开展企业布局，加强对企业生产的管控，加强自然资源管控和节能降耗、污染减排，将对有害物质风险防控贯穿危险废弃物的生产、使用、废弃、利用和处置的全生命周期过程，实行绿色生产和管控住污染源；落实企业跨域生态环境评估，绝不以破坏生态环境换取经济发展，从源头防范生态环境风险发生；对企业和公众加强教育，培育生态环境意识，对日常生产和生活中的垃圾实行无害化处理，提高破坏生态环境的企事业单位和个人的成本，从源头防范生态风险，以此提高生态环境质量，满足人民对高质量美好生活的愿望。其次，生态环境风险发生后，应通过区域合作，积极进行事中响应，组织队伍、调配资源开展治理，严防次衍生风险发生，降低生态环境风险的影响，防止灾害进一步扩大危及区域环境，保障居民基本的生产与生活底线，遏制生态环境风险对人们健康的危害。最后，生态环境事件得到有效治理和控制后，应该打破地域界限，强化风险评估，合理开展生态补偿，继续加大对生态环境修复的投入力度，尽快恢复原状，还人民群众一个洁净优美的生态环境。

通过以上跨域生态环境风险全过程治理大幅度增加优质生态环境供给，最大限度地满足人们需求。当然，中国社会经济发展较快，目前人们对美好生态环境需求大量增加，而受主观、客观因素影响，刚性供给明显，无法满足需求，我们应按照供需理论，将价格机制贯穿在生态环境风险全过程治理中，实行跨区域协同联动，有效调节生态环境需求，在调节需求中“创造”供给，比如：根据优质生态环境供需缺口，调整居民生活用电梯度电价，推行生活垃圾梯度收费，创造优质生态环境；根据区域生态环境承载力和生态环境需求现实状况，适当调整环境保护税率，促进生态环境保护；就农药化肥，除对生产企业征收环境保护税外，可以对使用者按照单位用量推行农药化肥梯度价格，降低农业污染。在生态环境风险全过程治理中，根据生态环境需求状况，利用价格机制，采取影响生产生活行为的措施，通过实行绿色生产、绿色消费等方式，减少生态环境风险，增加优质生态环境供给量，以此达到优质生态环境供需平衡。

二　治理碎片化与生态环境整体性悖论倒逼跨域全过程治理

前面我们论证了生态环境治理碎片化，尤其是行政区之间生态环境治理碎片化现象较为普遍和严重，这与生态环境的整体性相矛盾，倒逼跨域生态环境风险全过程治理。

（一）治理碎片化与生态环境整体性悖论

中国生态环境治理实行的是“属地管理”原则，意味着治理主体对行政区内的治理对象按照标准与要求进行组织、协调、领导和控制（尹振东，2011）。国家按照一定的标准将国土划分为不同的行政区，由此形成了行政区划和边界，并按照行政区实施管理，一个行政区只能在自己管辖范围内行使权利，超越管辖范围就失去了权利。长期以来，治理的边界牢不可破，但生态环境风险并不能被人为地行政区划控制。在“属地管理”原则下，各行政区和部门“都千方百计地扩大自己所支配的国家资源，赋予自己的利益以高于所有其他部门的优先权”（Gianfranco Poggi，1990），想方设法摆脱责任或者把负外部效应留给他人承担。根据“集体行动困境”理论，参与者越多，协同难度越大，“单位越多，它们的分化程度就越高，协调它们活动也就越复杂”（加布里埃尔·A. 阿尔蒙德等，1987），尤其是“多元主体之间的利益冲突以及多元主体合作过程中产生的信息障碍、结构失灵和制度束缚”将会严重阻碍协同合作（夏美武和赵军锋，2011）。由此，所形成的清晰治理边界就如无形的屏障，将本该为整体的各省（区、市）环境治理隔离开来，协调较为困难，造成跨域生态环境治理主体碎片化、政策碎片化、治理手段碎片化、信息碎片化，加大了风险发生的概率（见图 3-3）。生态环境风险的整体性不会因行政区划而改变，形成了治理碎片化与生态环境整体性矛盾。生态环境治理主体与区域治理主体间权责关系没有理顺。分片包干，治标不治本，尤其是跨省生态环境风险全过程治理“碎片化”较为突出，省际零碎化的权威使生态环境治理块块分割，一个省的域外政府及其治理部门成为该省的“无人地带”和“外部领域”。各行政区间信息不通、治理手段单一且缺乏整合，影响了整体的决策和整体联动治理效果。各地生态环境治理的政策不同、标准不一，导致行为者在同一区域或流域趋利避害，造成生态环境管治困难，省际间生态环境治理权限边界模糊、权责难以划清，治理中的“囚徒困境”，甚至“以邻为壑”现象时有发生（金刚和沈坤荣，2018），影响了生态环境政策扩散的质量与治理效果，造成生态环境政策在不同省（区、市）推广中难以完全发挥应有效能（王洛忠和庞锐，2018）。

以环评为例，虽然《中华人民共和国环境影响评价法》规定，“建设项目的环境影响评价文件未依法经审批部门审查或者审查后未予批准的，建设单位不得开工建设”，但是环境影响评价实行“属地管理”原则，在利益优先和不违背国家政策原则下，政府按照自己的政策实行管理，加之各地信息不通，环评效果受到一定的影响。各个行政区边界就如一堵天然屏障维护自身利益，破坏了生态环境的整体性，也因某一行政区释放环境风险因子危及整个区域。同时，虽然法律规定跨省（区、市）行政区域的建设项目由国务院环境保护行政主管部门负责审批，也就是对于企业选址只有跨越边界才会由国务院联合各省（区、市）审批，但对于落户省际边界区而未跨越行政边界的工业企业由各行政区自主决定，生态环境部不参与，邻近省份也无权干预，导致企业选址的局部地域性和环境污染的跨域性矛盾。

（二）碎片化治理与生态环境整体性悖论倒逼跨域全过程治理

碎片化治理与生态环境整体性悖论需要推行跨域全过程治理。如上所述，中国生态环境治理主体碎片化、政策碎片化、治理手段碎片化、信息碎片化困境，与生态环境的整体化治理不相容，碎片化治理模式无法做到有效防治，是造成生态环境风险在区域领域范围上扩散、持续时间上拉长、影响程度上加深的重要缘由之一，难以实现治理目标，亟待实现整体化系统化治理。而在现有政策框架下，不改变现行行政边界，化解属地管理与生态环境风险跨域性悖论所造成的风险，破解主体碎片化、政策碎片化、治理手段碎片化、信息碎片化困境，实现整体化系统化治理，需要将全过程思维寓于跨域合作中，以“事前、事中、事后”全过程治理为主线，根据“事前、事中、事后”全过程治理的需要，通过全过程治理将碎片化治理串联起来，以此推动分散的跨域治理主体整体化，促进分散的跨域治理部门联动，修补和完善分散的跨行政区治理政策，推进跨域信息共享，突破碎片化瓶颈。具体而言，协同开展跨域生态环境安全规划、风险源管理和风险受体管理，加强预防预警，强化生态环境风险应急响应和反应能力，合作联动修复生态环境，在这些全过程治理行为中促进主体联动、部门合作、政策协同，弥补和矫正主体分散、部门碎片化、政策张力和信息孤岛困境，从而降低生态环境事故发生的概率、减少次生灾害和潜在危害（见图 3-3）。

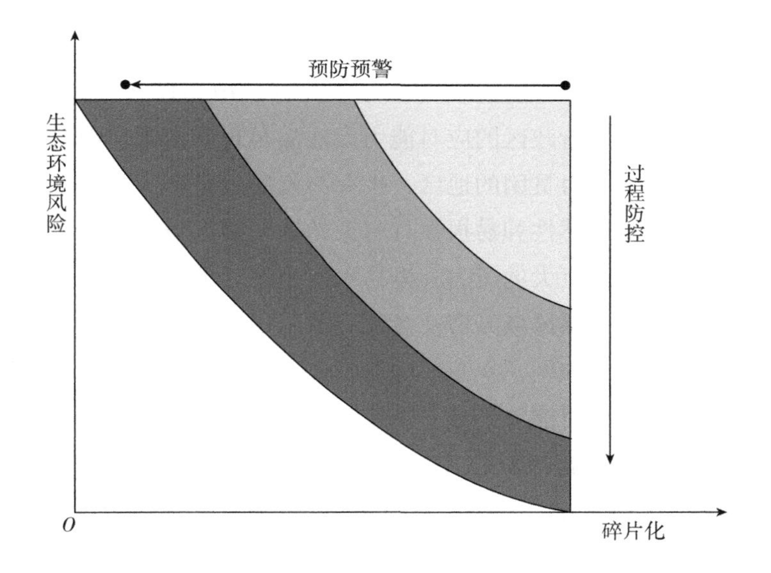

图 3-3 全过程治理遏制碎片化所造成的生态环境风险

三 生态环境脆弱性与区域应对能力不匹配倒逼跨域全过程治理

跨域生态环境具有脆弱性特点，生态系统组成结构不稳定、抵抗外在干扰和维持自身稳定的能力较差，易于发生生态退化且难以自我修复。有学者认为脆弱性包含暴露性、敏感性和响应性三个要素，且相互补充（Barry Smith and Johanna Wandel，2006）；学术界从“脆弱性—能力”视角界定脆弱性，认为脆弱性是由“不利因素”和“能力”构成，且此消彼长（McEntire D. A.，2001）；并提出“脆弱性—能力”指标，脆弱性指标包括暴露性、敏感性和易损性指标，应对能力指标包括基础设施、管制能力、社会防御和经济能力四个指标（朱正威等，2011）。由此可知，如果生态的脆弱性能由较强的应对能力来弥补，则会降低风险或危害发生概率；反之则相反。以生态脆弱区为例，生态脆弱区是中国跨域生态环境脆弱性表现最为明显的区域，无论是在生态脆弱方面，还是在应对能力方面都处于弱势，地理位置偏僻、地质环境脆弱、无序开发、社会发展迟缓、观念理念保守，生态环境的暴露性、敏感性和易损性存在天然缺陷。同时，生态脆弱区的基础设施欠账厉害、管制能力较差、社会防御能力和经济能力不足，无法与区域暴露性、敏感性和易损性匹配，应对能力尤其是跨行政区的应对能力无法满足现实需求。而且，生态脆弱区作为中国相对贫困的地区，生存与发展也是第一要务，在生态环境的暴露性、敏感性和易损性具有天然缺陷的区域发展经济，给生态环境风险带来了巨大的压力，极易引发生态环境事件，事件发生后协同治理能力差，给区域经济社会发展及居民生产生活造成难以修复的损害，反过来又加剧了生态环境的脆弱性，陷入了“生态脆弱性—亟待发展经济—应对能力不足—生态脆弱性”恶性循环。

据此，需加强跨区域合作，推动生态环境风险全过程治理，增强应对能力，以突破生态环境脆弱性困境，尤其是前移治理关口，提高预防能力，防治生态脆弱引发的生态环境风险。“预防是解决危机的最好方法”（迈克尔·里杰斯特，1995），针对生态环境的脆弱性，围绕经济能力、基础设施、社会预防和管制能力四个方面，加强跨域生态环境预防应对能力建设。加强财政投入，多方筹措资金，增加物资储备，改善生态环境脆弱区的基础设施条件，提高抗风险能力；加强对社会公众的环保教育，培养环保意识和预防风险能力；利用现代科学技术手段，突破科层制管理固有行政分割、层级间反应缓慢、官僚间的冲突、流程柔性缺失等弱点，明确跨域政府、企业和社会责任，建立跨域风险源识别指标体系，精准识别跨域重大污染源，挖掘出脆弱性的风险源和风险受体，并对其脆弱性进行评估，建立台账，采取与风险相匹配的严格管控措施，将风险扼杀在摇篮中。当然，脆弱性会表现在生态环境治理的各个层面和生态环境风险的应急准备、响应及恢复的全过程。一旦风险突破防线，发生了生态环境事件，脆弱性的存在将会加速风险的扩散和扩大风险的影响，由此，各行政区应根据生态环境的暴露性、敏感性和易损性特点和要求，迅速响应，提高协同能力，阻断风险影响的范围和领域，缩小影响程度，保护脆弱的受体（见图 3-4）。

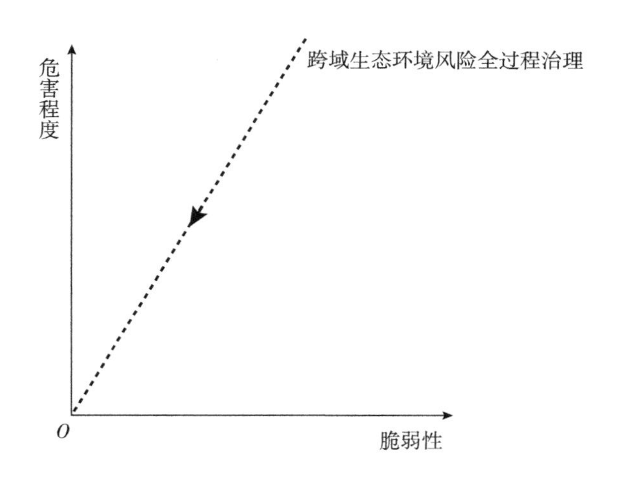

图 3-4　跨域生态环境风险全过程治理遏制脆弱性与区域应对能力矛盾所造成生态环境风险

四　生态环境扩散性和衍生性与传统应急体制抵牾倒逼跨域全过程治理

生态环境风险具有扩散性与衍生性，而传统的科层应急体制难以及时遏制生态环境风险扩散性与衍生性可能造成的影响，化解生态环境风险扩散性、衍生性与传统科层应急体制矛盾须推行跨域全过程治理。

（一）传统科层体制无法满足生态环境风险的快速扩散与衍生多发要求

新冠疫情被有效阻断，显示了中国特色社会主义制度的优越性，凸显了中国治理体系与治理能力的强大优势。但再好的制度与体系都有改进的空间，以接近帕累托最优，正如习近平总书记所指出的，“制度更加成熟更加定型是一个动态过程，治理能力现代化也是一个动态过程，不可能一蹴而就，也不可能一劳永逸”（习近平，2020）。生态环境应急体制也是如此。生态环境风险的扩散性和衍生性要求具备迅速反应的管理体制，而现实中，传统科层应急体制不能满足生态环境风险的扩散性和衍生性需要。首先，传统的科层应急服务具有单向性，不能及时地回应受灾主体需求，出现生态环境风险后，纵向上层层汇报，应急管理者被动地按照上级要求实施应急行动，不利于行动者自主性的发挥，抑制了管理组织的活力，延缓了治理时间，降低了应急管理效率，难以阻止次生、衍生灾害的发生。其次，由于实行“属地管理”原则，缺乏跨域生态环境风险常态化预防；区域生态环境风险发生后，传统科层应急管理体制通常都是以行政区政府为中心，调动行政区内的人员和物资资源进行应急响应，行政区之间合作流程缺失、人员之间的利益冲突，生态环境风险应急管理跨区域协同合作较为困难或促进合作的成本居高，联动效应实现有一定的难度，启动跨行政区协同应对速度慢、难度大，与生态环境风险快速演变、扩散不匹配，造成生态环境演化升级，生态环境衍生事件接连不断，导致公众不满，引发社会事件，直至进一步发展到不可控的局面。最后，传统科层制应急管理信息共享共用难，在横向上，由于存在行政壁垒，难以获得跨行政区足够的、较为全面的信息；在纵向上，信息按照“传送—反馈”模式单线条地在各级官僚机构组织内流动，难以发挥信息的效能；在时间上，信息获取具有时滞性，而且获取信息的成本高昂。由此造成生态环境风险应急管理信息不全、信息获取慢、信息失真，与生态环境风险的迅速扩散与衍生相矛盾，严重影响对生态环境风险决策、组织、指挥、协调和控制，延误了治理的时机。

（二）遏制扩散性、衍生性与传统科层应急体制矛盾所造成的生态环境风险须推行跨域全过程治理

根据生态环境风险的生命周期和应急管理链条式闭环过程，构

建一个全过程治理框架，以最大限度地避免扩散性、衍生性与传统科层应急体制矛盾带来的生态环境风险。首先，横向上，推动跨域生态环境风险全过程治理联动，破解“属地管理”与生态环境风险的扩散性和衍生性矛盾。制定和完善跨域生态环境风险全过程治理制度，加强跨域预防的常态化，避免生态环境事件发生，降低扩散和衍生事件的发生；健全跨域生态环境风险合作流程，实现全过程信息共享共用，全天候的跨域应急响应，加快跨行政区全过程的协同调动救助队伍和物资资源的速度和能力，降低生态环境风险应急管理跨区域协同合作的交易成本，建立与生态环境风险快速演变、扩散相匹配的响应和救助制度，避免跨域生态环境演化升级和生态环境衍生事件发生，造成更大的风险。其次，纵向上，充分利用全过程治理思维，建立与生态环境风险扩散性、衍生性相匹配的科层应急管理体制。将全过程管理纳入科层应急体制中，建立适应全过程迅速反应的扁平组织，突破传统应急管理层级体制，构筑纵向上快速反应机制，增强治理主体的活力。根据生态环境风险事前的源头防范、应急准备、监测预警，事中的风险研判、信息通报、决策部署、组织指挥、舆论引导，以及事后的恢复重建、评估总结的全过程治理的需要，构建能适应事前预防、事中响应和事后修复的纵向快速应对机制，破除生态环境风险层层汇报体制，激发参与主体的积极性和主动性，防止突发生态环境风险的发生，以及生态环境风险发生后能有效防范风险的扩散与衍生，将风险扼杀在摇篮中或最大限度地降低风险的影响。

第四节　研究结论

在现代社会，任何一个行动者都不具备破解复杂多样、不断变动困境的知识与信息，没有一个行动者有足够的能力有效地利用所需要的工具，也没有一个行动者有充分的行动潜力去单独地主导一个特定的管理模式。这是跨域生态环境合作治理的重要缘由。中国跨域生态环境合作治理经历了一个螺旋式的演进过程，取得了重大成效，但生态环境风险仍然严峻，优质的生态环境供给无法满足人们日益增长的需求。中国跨域生态环境风险具有跨域性、脆弱性、多发性、突发性、扩散性、衍生性和治理碎片化等多种特性。这些特性与治理困境，以及长期轻事前防范、重事后响应与补救，致使生态环境风险防不胜防，加大了跨域生态环境风险发生的概率和危害程度，造成了优质生态环境供求矛盾、治理碎片化与生态环境整体性悖论、生态环境脆弱性与区域应对能力不匹配、生态环境风险扩散性和衍生性与传统应急体制抵牾等困境，倒逼跨域协同合作和全天候全过程治理。

第四章

跨域生态环境风险全过程治理运作机制

前面从理论和实践层面论证了推进跨域生态环境风险全过程治理的必要性。尤其是第三章从实践角度分析了跨域生态环境风险形成机理，解决了“为什么”的问题。本章将主要采用文献研究法、比较研究法、系统分析法等研究方法，从时间维度研究跨域生态环境风险全过程治理运作机制模型，构建一个跨域生态环境风险全天候全过程闭环管理机制，解决“怎么做”的问题。

第一节 跨域生态环境风险全过程闭环管理内涵与体系

在梳理和借鉴国内外闭环管理内涵与体系相关研究的基础上，本节将界定跨域生态环境风险全过程闭环管理内涵，提出跨域生态环境风险全过程闭环管理体系。需要说明的是，虽然国内外有使用“闭环治理”一词的研究者，但大多使用“闭环管理”，而非“闭环治理”，故此本章通篇就沿用学术界“闭环管理”这一概念。

一 跨域生态环境风险全过程闭环管理内涵

目前，闭环管理（又称闭环式管理），已广泛使用于政治、经济、文化、社会乃至生态环境治理等方面。已有的文献中，闭环管理在营销管理和供应链管理领域用得较早和较为广泛。Flapper 等（2004）介绍了闭环供应链管理（Managing Closed-Loop Supply Chains，CLSC）与一般供应链管理的差异，以系统方式阐述了 CLSC，探讨了 CLSC 在实践中的建立、运用和改进，为 CLSC 提供了具体框架。Guide（2003）分析了逆向物流对于企业成本和利润的影响，从而对闭环供应链的管理问题进行了研究。王文宾等（2015）对闭环供应链管理进行了综述，分别介绍了竞争、定价、政府引导和信息不对称等因素下的闭环供应链。赵晓敏等（2004）对中国电子制造业实施闭环供应链管理开展了研究，提出一些建议。除了营销管理和供应链管理，学者将闭环管理运用到多个领域，其中安全领域相对运用得较多，范冠中（2020）指出“开环”式治理的缺陷，引入“闭环治理”思维，提出“构建行政体制改革过渡期社区消防闭环治理模型”，以有效地解决行政体制改革给社区消防安全治理带来的困境和挑战。王龙康等（2017）按照安全隐患风险分级标准和生产过程，提出了煤矿安全隐患动态分级闭环管理方法；张玎（2009）研究了矿井安全隐患识别及其闭环管理模式；王震和郑中亮（2023）提出了煤矿安全隐患闭环管理模式及系统架构。杨子佩（2020）将闭环管理运用到社会、社区管理中，分析新冠疫情防控关键期多地对重要区域实施闭环管理后，认为对居民小区实施闭环管理，形在闭环，重在管理，可以考验管理者的基层治理能力，从长远更可以为构建基层社会治理新格局提供宝贵经验，但要坚决防止闭而不管、闭而不理等现象。潘文文和胡广伟（2017）研究了电子政务工程项目闭环绩效评估方法，从闭环管理视角出发构建“电子政务工程项目绩效评估一体化模型”与闭环管理指标体系。赵昕昱等（2019）应用区块链技术，研究了医院住院闭环管理。学者对生态环境闭环管理开展了少许研究，剖析了生态环境行政处罚信息公开闭环管理存在的问题及改进措施（赵建峰，2020），提出通过构建“闭环式”服务模式，提高工业企业保护生态环境能力（柳环文，2020）。

学者对闭环管理的影响因素、作用、应用模式、机制和对策开展了研究，但涉及概念界定不多，即使有界定，也较为模糊。我们查到百度百科，对闭环管理的解释是：综合闭环系统和管理的封闭原理、管理控制、信息系统等原理形成的一种管理方法。冯之浚等（2003）认为闭环供应链实质上是通过产品的正向交付与逆向回收再利用，使“资源—生产—消费—废弃”的开环过程变成“资源—生产—消费—再生资源”的闭环反馈式循环过程。张宇栋等（2017）认为风险闭环管理是一个包括风险辨识、研判、逻辑与机理分析、评估、纠正与反馈的系统，并由此形成完整闭环管理的一系列技术方法集合。

综上所述，闭环管理应该具备以下几个特点：一是闭环管理把管理对象作为一个系统，系统由诸多子系统构成。二是闭环管理中的各要素构成连续封闭和回路（与开环对应），且使系统活动维持在一个平衡点上。三是闭环管理作为封闭循环管理方法，是一个通过控制和信息的输入输出，不断反馈、提升和改进管理的过程。借鉴国内外研究，我们将闭环管理定义为：管理对象各要素构成的闭环系统，通过管理控制和信息的输入输出，形成连续封闭和回路，不断反馈、提升和优化改进的闭环反馈式循环过程。跨域生态环境风险全过程闭环管理则是指对跨行政区的生态环境风险系统，通过管理控制和信息的输入输出，形成涵盖风险预防预警、响应治理、评估修复、反馈修正等全过程的连续封闭和回路，从而不断提升和优化改进风险管理的闭环反馈式循环过程。

二　跨域生态环境风险全过程闭环管理体系

闭环管理本身就是一个系统工程，具有自己的体系。故此，国内外学者从各个领域和多个视角对闭环管理体系进行了较为广泛的研究。Robert S. Kaplan 和 David P. Norton（2008）认为公司的闭环管理体系包括制定战略、转化战略、规划运营、监督和学习、检验和调整战略五个流程和体系。潘文文和胡广伟（2017）认为闭环管理是一套涉及“事前—事中—事后”指标的管理体系。张宇栋等（2017）认为风险闭环管理体系是涵盖系统风险辨识、风险要素构成研判、多因素耦合逻辑、致灾机理分析、风险潜在危害评估、风险纠正与消除措施及现实事故反馈等完整闭环管理的一系列技术方法集合。贺勤（2017）构建了涵盖战略规划、预算管理、资源配置、绩效考核“四位一体”企业闭环管理体系。邹向炜（2015）运用闭环管理和流程管理的理念，构建了基于流程管理包括隐患排查、隐患整改、隐患考核三阶段的煤矿隐患闭环管理体系。也有少量学者研究了生态环境闭环管理体系，周佩德（2019）根据跨域废弃物环境污染现状，提出建立一套行之有效的区域监管防范机制，提出强化源头把控、强化流程遥控、强化终端监控的危险废弃物闭环管理体系。李妮斯和邹思源（2019）总结了成都市坚持信息化核心驱动，综合运用“五步闭环法”，通过建立现状、科研、决策、执行、评估五步流程体系，打造“数智环境”，提高生态环境治理效能。同样，柳州市探索出了一套“调研—座谈—帮扶—跟踪问效—持续改进”的闭环服务模式与管理体系，改善了该市生态环境质量（柳环文，2020）。关于生态环境治理体系，党和国家非常重视，虽然没有颁布关于生态环境闭环管理体系的国家政策，但关于生态环境治理体系的制度不少，最典型的是中共中央办公厅、国务院办公厅印发的《关于构建现代环境治理体系的指导意见》，构建了党委领导、政府主导、企业主体、社会组织和公众共同参与的现代环境治理体系，并从健全环境治理监管体系、环境治理信用体系、环境治理法律法规政策体系等方面做出了明确规定。

总结学者闭环管理体系相关研究，可以得出以下结论：闭环管理体系本身就是一个执行流程或者过程管理体系，是一个涵盖整个流程、多要素的完整管理体系，包括准备—实施—结果—修正全过程，整个流程处于封闭循环过程中，在循环过程中改进和提升管理效能。而跨域生态环境风险全过程闭环管理体系是一个包括事前—事中—事后全过程跨行政区的治理体系。其中，事前管理包括各行政区合作开展规划和应急预案制定、风险源的控制与管理、风险受体的调查、风险预警等，事中管理包括各行政区合作开展生态环境风险事件的报告、应急启动、监测处置等，事后管理包括各行政区合作开展评估、修复与补偿、反馈、环境风险应急预案更新，如此，形成跨域生态环境风险全过程闭环管理体系。

第二节　生态环境风险闭环运行机制实践

闭环管理较早和广泛地应用到营销管理和供应链管理领域。闭环供应链的产生最初就是源于生态环境持续恶化、资源短缺等压力，通过封闭处理，降低污染排放与剩余废弃物，实现和促使环境外部性的内部化（Robert S. Kaplan and David P. Norton，2008）。但后续闭环管理在生态环境风险中的运用并未得到快速发展。近些年，闭环管理在中国生态环境风险管控中有所运用，凸显了自身的特点，取得了明显的成效。

一　加强部门融合，发挥整体化效应

落实生态环境风险闭环管理、压实责任，必须有一方主导，其他部门协同合作，才能有效降低部门间交易成本，发挥闭环管理的整体效应。中国在生态环境风险闭环管理实践中，各地大多实行生态环境部门主导，通过部门联席会议，或抽调部门相关人员组成临时合作机构，建立部门协作机制，完善部门监督评价机制，促进生态、水利、农业农村、工业和信息化、应急等部门融合，进一步整合职能，明确分工，理顺权责关系，厘清责任清单，打造联合执法链条，通过共建共享、召开座谈会、现场办公和调查问卷等一系列方式，实行信息共享、资源共用、决策共商、制度共建、执行共联等一系列措施，打破辖区内各单位、各部门、各区域、各行业行政壁垒，促进区域内部门联动、条块融合，以提升服务水平。

在生态环境风险闭环管理中推进部门间的合作和协同防治，凸显了整体性效应。一方面促进各部门树立整体观念，放弃了本位主义，形成基本共识，全面协同合作，将防治生态环境风险作为第一要务，及时发现问题，精准确定问题类型，从总体上掌握辖区生态风险、污染情况和治污困难，建立生态环境风险突出问题总台账。另一方面多部门采取联动措施，在政策解读、法律咨询、技术支持与服务、信息共享、平台搭建等各方面协同提供全方位服务，关注、帮扶和增强企业绿色发展动力和定力，满足企业生态环境治理要求，加强跟踪和治理，及时销号，不断增强污染治理合力。浙江省推动部门整体联动，通过全程线上留痕、实时动态监督，利用危险废物全链条、全过程数字化闭环监管体系，实现“正向无缝衔接、反向精准追溯”，倒逼部门协同合作，整体效果显著。

二 注重过程管理，发挥一体化效应

闭环管理是一个包括事前、事中和事后在内的全过程管理，在无缝衔接的全过程管理中体现治理效应。理论上，应通过制订计划和目标、组织实施、修复反馈等过程，前移风险治理关口，及时发现风险，管控风险源，评估、监测和预警风险，一旦出现风险因子释放，发生风险事件，各部门迅速合作开展治理，体现一体化效应。实践中，中国生态环境风险闭环管理注重治理的过程化和流程化。一是采取诸如“查风险”“找问题”“大摸排”“严准入”等行动，加大对风险源的监管和风险排查力度，加强生态环境准入管理，对建设项目实行严格环评审批，严控高耗能、高排放、高污染行业进入。通过前移生态环境风险管控点，加强源头防范，从事后介入向事前监管转变，降低了风险发生的概率。二是打通源头预防与后续治理的通道，推动生态环境风险防范与治理、修复等过程管理的有机衔接，在风险“防火墙”被“翻越”、生态事件发生后，可迅速启动应急管理与事后治理，减少风险带来的损失和危害。成都市将生态环境风险管理内容概括为“现状—科研—决策—执行—

评估”五大部分，统筹资源，推动各部门、各层级联动，实现贯穿场景触发—响应—研判—处置—后评估的全过程闭环管理，采取五步闭环，不断迭代，提升了一体化治理效果；浙江省生态环境厅在推行危险废物闭环监管过程中，通过构建危险废物全链条、全过程数字化闭环监管体系，提高了治理效能。总体而言，过程管控作为闭环管理的重要内容，各地各部门逐渐意识到了其关键性，在推行生态环境风险闭环管理中得到了重视和强化，加大了对生态环境污染发生前的防范，实行对生态环境风险明察暗访，大力排查和整治生态环境风险源，并将事前防范与事后治理及修复衔接起来，凸显了一体化效应。

三　创新管理模式，提高治理效率

各地各部门在推行生态环境闭环管理中，创新机制和模式，降低生态环境污染风险，提高治理效率。根据本辖区生态环境风险治理的现实状况，因地制宜地实施了诸如“排查—监管—整改—验收—巩固—问责”“六步式”生态环境风险闭环管理机制、“触发—响应—研判—处置—后评估”生态环境风险“五步”闭环管理机制、“调研—座谈—帮扶—跟踪问效—持续改进”生态环境风险闭环机制、“发现—移交—整改—销号—巩固”闭环管理模式、“一单一函一回执一谈话一报告”的闭环监督机制，提高了生态治理能力与治理效率，化解了长期积压、想解决而无法解决的生态环境风险问题。在采用这些模式的同时，各地各部门开创思路，创新具体举措，采取诸如完善排污企业档案、强化联合执法、整合排污企业的执行报告和监测数据、开展危废动态化“存量清零”行动、完善信息化制度和实现信息共享、建立危废处置保证金制度、强化污染物终端监控等一系列措施，提高了治理效率。一是通过闭环管理中的相关预防预警机制创新，使生态环境问题无藏身之处，增加了及时发现生态风险的概率，减少了生态环境污染事件发生。二是通过闭环管理中治理机制创新，要求生态环境事件尽快全部“销号”，办结效率高、效果好。三是通过闭环管理中的跟踪反馈机制创新，实行地毯式“复查问诊”等措施，在一定程度上推动了被破坏生态的有效修复。柳州市在生态环境闭环管理中，通过无人机巡航、在线办案、区域巡查、正面清单执法、治理跟踪反馈等一系列创新执法“组合拳”，引入第三方专业机构和“环保管家”，加大了风险源的管控，提高管理部门和工业企业保护生态环境风险能力，空气质量优良天数比率达到了89.6%，空气质量为近几年最好（柳环文，2020）。

四　嵌入现代技术，提高治理能力

现代技术是提高治理能力的重要手段。中国生态环境风险闭环管理中，大都使用人工智能、大数据、无人机、卫星定位等高新技术手段，并逐渐形成治理制度，从而提升治理能力。浙江省大力健全放射源闭环管理机制，生态环境部门通过采用卫星定位、二维码识别、电子围栏等技术集成，对污染物入库、现场作业等全流程监控，精准掌握区域污染物数量与作业分布状况，尤其是出现诸如污染物终端离线和未正常出入库等异常情况，在线监控会自动提示报警。成都市通过整合各类生态环境监测资源，统一建设生态环境监测大数据平台，整合生态状况监测网络、污染源监测网络、生态环境质量监测网络，集中收集、分析和发布生态环境监测数据，以数据流引领跨层级、跨部门、跨系统的业务流，完善数据应用与共享机制，为迅速开展治理行动打下基础；同时利用GIS技术将相关数据集中在动态污染源清单环保地图上，实行可视化空间展示，实现生态环境污染数据的动态表达，通过PC端和手机智能App，可对生态环境风险防治流程进行智能化追踪与全程监督，为相关部门决策、执行、监督提供快速、直观的数据支持，大大提高了生态环境治理能力（李妮斯和邹思源，2019）。总体而言，各地将现代技术有机嵌入闭环管理中，及时获得生态环境信息和数据，融合各类素材，精准制定对策，推动人员、技术、数据、系统等资源全面整合与协同，实行扁平化管理，促进生态环境管控措施落实，并归纳总结为管理模式，进而上升为治理制度，形成治理能力，有效地实现了生态环境风险全过程、全方位监管与防治（贾先文等，2022）。

第三节　跨域生态环境风险闭环运行困境

中国生态环境风险闭环管理机制的实施，提升了治理效率，增强了治理效果，但也存在诸多问题，尤其是跨区域协同推行生态环境风险闭环管理困境较为突出，实施跨域生态环境风险全过程闭环管理有较多堵点需要破除。

一　跨域碎片化治理与闭环管理整体性要求相悖

跨域生态环境风险全过程闭环管理需要高度协同才能产生效果，但在行政区行政背景下，跨域碎片化治理将阻碍闭环管理在行政区间的实施及实施成效，其中省际碎片化更为严重，影响更大。首先，各行政区有其管辖范围，府际间零碎化的权威使治理块块分割，一个行政区的政府和治理部门成为另一行政区的政府和治理部门的“无人地带”和“外部领域”，加之生态环境的公共产品特性，排除“免费搭车”在技术上具有一定的难度，博弈结果表现为没有任何一个行政区政府愿意开展治理的“囚徒困境”，横向上各行政区协同推行闭环管理模式较为困难。其次，各行政区拥有一定的立法权，各行政区尤其是省级行政区根据需要制定了生态环境相关法规制度，但由于制度间缺乏有效的衔接与融合，不仅引起地方间、部门间、部门与地方间、先前与后续间等一系列政策关系冲突，而且导致政策价值、政策目标、政策实现资源、政策执行等一系列政策内部要素的碎片化（张玉强，2014），难以形成推进闭环管理所需要的统一政策价值与政策目标。政策不同、标准不一甚至冲突，涟漪效应和溢出效应日益凸显，行为者在生态环境治理中趋利避害，造成跨域生态环境防治困难，“囚徒困境”甚至“以邻为壑”现象时有发生，跨域生态环境风险全过程治理陷入“高成本、高风险”的恶性循环困局（徐元善和金华，2015），严重影响了政策扩散的质量和治理效果，与闭环管理思维不相符。最后，跨域生态环境信息碎片化无法满足跨域生态环境风险全过程闭环管理要求。信息系统条块结合，条块间缺乏有机联系，府际间尤其是省际政府之间缺乏沟通，已有各平台的信息口径不同、来源不一、标准有别，相互共享的信息深度与广度不够，生态环境信息提供、流动、公开层级过长，容易造成信息失真，闭环管理失去支撑。

二 单一行政主导与闭环管理多中心融合需要不匹配

闭环管理是一个完整的系统，须将系统的各个单元、各个主体视为一个整体，形成连续、封闭、首尾相接的闭环，促使整个系统在稳定状态下运行，从而实现提升治理效果的目标。但目前生态环境风险闭环管理中仍以单一政府为主，公众参与缺位，多主体融合不够，市场、社会被动地在某些领域或环节“拾遗补阙”地参与，各主体难以实现整体联动，无法达到闭环管理多中心一体化推进的要求。特别是跨域生态环境风险全过程闭环管理中，在强政府弱社会背景下，各辖区利用行政机制分散调配各自资源，市场以趋利为目标参与生态环境治理，社会机制作用能力与范围有限，三者缺乏协调联动和有机配合，无法有效整合各自优势和发挥应有的效能，达到预防环境风险、处置环境事件、修复环境危害的目的。政府单一治理手段，不同区域、不同利益群体防范与监督意识缺乏，联动机制不健全，反应迟缓，易导致污染事件发生，即使在环境风险暴发后，各种机制也难以形成合力，需要强大的外部力量干预才能促成合作共治。近些年发生的典型跨域生态环境事件案例，大多表现为事件暴发前跨域多主体协同预防缺失，治理主体大多为单一的政府，企业和社会在有限的领域发挥着有限的作用，仅仅在防治不力，对居民生产、生活乃至生命产生重要影响，公众才被迫强力“发声”，社区组织、媒体和社会组织摇旗呐喊，并引起高层领导的高度关注与督办，促使各地政府关注民生民意，并加强合作联动。这种“自下而上”和“自上而下”机制所形成的“污染—呐喊—干预—合作”行政治理模式和事后被动合作意识，无法发挥具有灵活性与草根性的市场机制、社会机制应有的作用，也与闭环管理要求的生态环境治理系统各个单元、各个主体作为一个整体进行连续、封闭、首尾相接的闭环运行矛盾，难以实现提升治理效果的目标。

三 过程不完整与全过程管理要旨抵牾

中国已推行的生态环境风险闭环管理一定程度上加强了过程监管，体现了一体化效应，但过程管理不完整，完整、连续、封闭、首尾相接的闭环管理尚未形成，尤其是跨域过程治理较为缺失，无法体现生态环境风险事前规划与预防、事中响应与治理、事后评估与反馈等全过程管理流程。生态环境风险闭环管理中，暴露出三个方面过程不完整或过程缺失问题：一是“环而不闭”，漏掉某一环节或某些过程，缺乏过程的连续性，难以防范生态事件发生和减少污染排放。二是“闭而不环”，没有不断总结跨域生态环境风险全过程治理经验教训、不断改进治理方案、促进管理水平和能力螺旋上升，无法杜绝同类型的生态环境风险发生。三是既不“闭”也无“环”，不完整的连续与封闭，影响生态环境防治效果以及效果的不断提升。三种常见的生态环境过程管理问题不符合闭环管理中的全过程管理要求，一定程度上降低了治理效率。

特别是由于“囚徒困境”，长期以来跨域生态环境风险治理过程割裂，重运动式治理、轻协同式预防，跨域生态环境风险治理按照自己固有的逻辑运行，“遵循”着事前为利益引发生态环境风险隐患、事中诸外部效应“免费搭车”、事后多重高压下合作联动的演进过程和逻辑（贾先文等，2021），也就是遵循“先污染—再治理”逻辑。生态环境风险事前预防、事中治理与事后恢复等过程不完整，过程脱节现象严重，各行政区未主动加强生态环境风险防范、联动治理，而是在生态事件暴发并造成了较大危害后，才在外力推动下加强合作治理，被动式促进生态环境恢复。跨域生态环境风险全过程的割裂及扭曲治理模式，交易成本较大，易给社会和居民带来各类各种疾苦困难甚至难以修复的灾难，造成一系列社会矛盾或冲突。这种治理过程缺失或割裂，全过程联动治理机制难以形成，是影响跨域生态环境风险全过程闭环管理的重要障碍。

四　系统性治理缺乏与闭环管理高位推动需求矛盾

中国已实施的跨域生态环境风险闭环管理，系统性治理缺乏，统筹协调力度不够，闭环管理的策划与执行难以到位，与闭环管理高位推动需求相悖。一是闭环管理设计不科学。对闭环管理理解不透甚至存在误区，以为只要有一个简单流程或机制就是闭环管理，方案设计不符合闭环管理理念和要求，整体化、系统性不强，生态环境风险规划、预防、治理、评估、反馈等全流程、无缝对接机制缺失，协同效果不明显。二是闭环管理执行不到位，闭而不管现象突出。在推行跨域生态环境风险全过程闭环管理过程中，不同地区和部门实行了不同的模式，但治理成效还有待提高，主要症结在于一定程度上存在一闭了之的形式主义现象。在实施过程中，由于缺乏行政区主要领导强力统筹，各部门和各治理主体配合不够，整体化、系统化治理得不到落实，无法在最大限度上排除生态环境风险和隐患；环环相扣的生态环境风险事前防范、事中治理和事后修复等流程未得到有效贯彻，老一套的重治理轻防范并未得到根本扭转，导致生态环境事件屡禁不止。

跨域生态环境风险系统性治理缺乏与闭环管理高位推动要求矛盾更为突出。针对跨域生态环境风险的突发性、脆弱性、频发性、扩散性和衍生性等特点，行政区之间强化了跨域协同合作理念，尤其是泛珠三角、长三角、京津冀等省级行政区通过联席会议制度、政府秘书长会议制度、部门衔接制度等联络平台，推动跨域合作治理。但在治理过程中，各行政区党政主要负责人参与不够，系统治理与高位推动有限，府际代表合作协商也是临时的和有限的，合力不强，动力不足，无法消除行政壁垒、联络不畅通和囚徒困境等难题，启动跨域生态环境风险全过程闭环管理较为困难，科学的设计和有效性的执行就更为艰难了（贾先文等，2022）。

第四节　国内外闭环管理运作机制模型借鉴

在理论研究与实践运作中，产生了很多闭环管理模型，较为典型的是 Robert—David 闭环管理模型、PDCA 循环模型以及在此基础上衍生出的其他闭环管理模型。本节旨在介绍相关闭环管理模型，得到相应启示，为构建跨域生态环境风险全过程闭环管理运行机制模型打下基础。

一　PDCA 循环模型

PDCA 循环模型是 1930 年首先由美国质量管理专家休哈特博士提出的，1950 年戴明（W. Edwards Deming）博士进行了深度挖掘，并得到广泛宣传和普遍应用，故此又称戴明环。PDCA 循环包括 Plan（计划）、Do（执行）、Check（监控）和 Act（完善）四个阶段（埃文斯和林赛，2010）。PDCA 循环可扩展为计划决策（资源配置决策）、执行设计（实施途径和策略）、过程控制（实施的监控管理）、结果评估（评价、计划调整与循环改进）（李贞刚等，2018），被广泛用于绩效考核、质量管理与控制、系统营销、医疗卫生管理等过程管理与改进等方面。PDCA 循环是计划制订以及组织实现的过程：工作之前分析现状，找出存在的问题和因素，据此制订改进的措施和计划；将措施和计划付诸实施；对照计划检查实施状况与效果；总结经验、巩固成绩，把效果好的提炼为标准，将遗留问题和新出现的困难转入下一个循环，具体内容如表 4-1 所示。

表 4-1　　PDCA 循环的阶段、步骤与内容

阶段	步骤	内容
Plan	1	分析现状，找出存在的问题
	2	找出并分析产生问题的各种原因

续表

阶段	步骤	内容
Plan	3	找出各种原因中的主要因素
	4	针对主要因素制定解决措施、提出改进计划
Do	5	执行所制订的计划和措施
Check	6	根据计划的要求，检查执行情况
Act	7	总结经验巩固成绩，把效果好的提炼为标准
	8	把未解决或新出现的问题转入下一循环

资料来源：曹书民、杜清玲：《PDCA 循环在企业绩效管理系统中的运用》，《价值工程》2008 年第 6 期。

PDCA 循环通过制订计划、计划实施、检查实施效果和改进计划等过程把各项工作有机衔接起来，在每一个闭环中解决一些问题，带着发现的新问题及未解决的问题进入下一个闭环循环，紧密衔接、永不停歇、周而复始地闭环运转，以“打破现状，实现管理突破”螺旋上升式提高，以使方案制定和实施效果最大限度地接近“帕累托最优”（见图 4-1）。

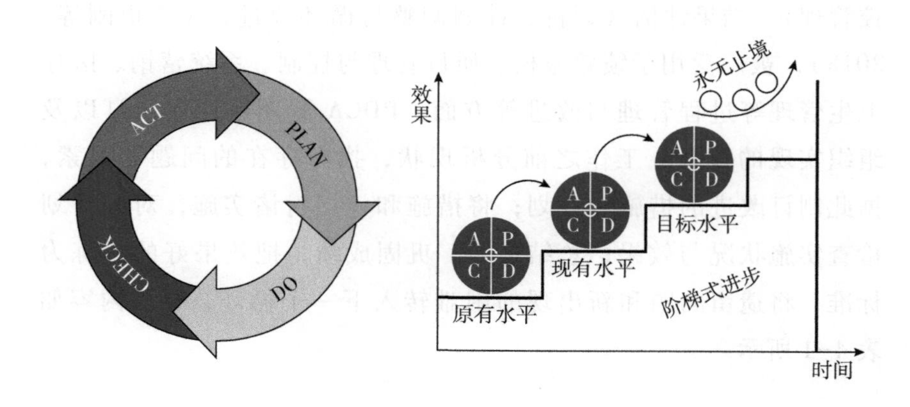

图 4-1　PDCA 循环模型及成效改进

二　Robert-David 闭环管理模型

已有的研究中，明确提出闭环管理并对其进行全面系统研究的是平衡计分卡创始人罗伯特·卡普兰（Robert S. Kaplan）与戴维·诺顿（David P. Norton），在其“Mastering the Management System”一文中提出，通过建立一个闭环管理体系（Closed-loop Management System），将运营与战略结合起来，并为每个阶段提供各种工具，绘制清晰的全过程闭环管理运行机制（见图4-2）。两位作者发现很多公司管理者为了完成短期的业绩指标，花大量的时间讨论解决运营问题，而忽略了对公司至关重要的长期战略事项的研究，导致公司战略与运营脱钩，造成实际业绩总是与预期目标相去甚远。建立一个闭环式管理体系可以化解困境。闭环式管理系统共由五个阶段组成，即制定战略阶段（确定战略内容）、转化战略阶段（明确目标和举措）、规划运营阶段（制订详细的计划）、监督和学习阶段（监控和掌握各方面信息）、检验和调整战略阶段（评估和调整战略），如此环环相扣，又回到了下一轮新循环，通过闭环式的管理体系，将战略和运营更紧密地结合起来，既注重短期的营运绩效，又关注公司长远、考虑公司发展战略，取得了较好的成效（Robert S. Kaplan and David P. Norton，2008）。

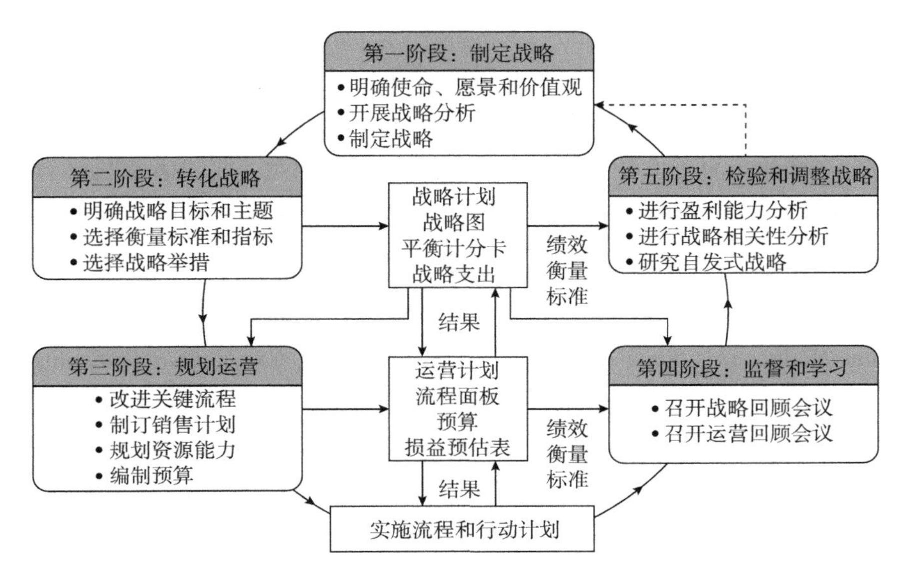

图4-2　Robert-David 闭环管理体系及其运行机制模型

三 风险闭环管理模型

学术界有关风险闭环管理模型开展了一些研究。王龙康等（2017）按照安全隐患风险分级标准和生产过程提出了煤矿安全隐患动态分级闭环管理方法，张玎（2009）研究了矿井安全隐患识别及其闭环管理模式。李贤功等（2010）为避免或减少煤矿风险的发生，从事故风险管理理论出发，借鉴国外风险管理模式，总结国内煤矿安全隐患治理经验，设计、开发了涵盖煤矿危险源辨识、评价、管理标准及措施制定等内容的风险隐患闭环管理流程模型，构建了员工“三违”流程管理需求的煤矿安全管理信息系统。邹向炜（2015）运用闭环管理和流程管理理念，构建了包括隐患排查、隐患整改、隐患考核三阶段流程的煤矿隐患闭环管理体系。张宇栋等（2017）基于FMECA、FTA & ETA 及 FRACAS 等技术，设计了涵盖系统风险辨识、风险要素构成研判、多因素耦合逻辑、致灾机理分析、风险潜在危害评估、风险纠正与消除措施及事故反馈等内容的风险闭环管理模式。对于上述有关风险闭环管理模型，下文将重点介绍和分析张宇栋、吕淑然、杨凯所提出的风险闭环管理模型。

张宇栋等的风险闭环管理模型是按照 PDCA 闭环管理思路，充分利用 FMECA 模型（Failure Mode Effects and Criticality Analysis）、Bow-tie 模型以及 FRACAS 模型（Failure Report Analysis and Corrective Action System）三者的优势，克服三者的不足，将三者有机结合而形成的。在分析张宇栋等的风险闭环管理模型前，需要说明其综合运用的几个模型。首先是 FMECA 模型，指故障模式影响和危害度分析模型，实际上是由故障模式及效应分析的 FMEA 模型（Failure Mode and Effect Analysis）和危害度分析 CA 模型（Criticality Analysis）两个模型组成的。其次是 Bow-tie 模型，集故障树分析方法和事件树分析方法于一体，全面分析某一事件的发生原因和事故后果的事故建模方法（胡显伟等，2012）。再次是 FRACAS 模型，是指故障报告分析及纠正措施系统。最后是事故树 FTA 模型（Fault Tree Analysis），是以故障树作为模型对系统经可靠性分析的一种方法；事件树 ETA 模型（Event Tree Analysis）是一种按事故发展的时间顺序由初始事件开始推论可能的后果，从而进行危险源辨识的方法。另外，FTF 模型是将 FTA 和 FMECA 相结合的综合理论分析法，FTF 方法由正向 FTF（FMECA To FTA）和逆向 FTF（FTA To FMECA）构成。正向 FTF 是把 FMECA 分析结果的严重度及危害度最高的事故作为顶事件，然后利用 FTA 方法进行定性和定量分析；逆向 FTF 是依照系统功能，把系统中对其影响程度最大，后果最严重或最不希望出现的事件作为事故树的顶事件，从而建立事故树进行定性和定量分析，获得事件的重要度排序（王婉青，2017）。在阐明所运用的相关模型后，张宇栋等的风险闭环管理模型（见图 4-3）就相对简单了，其闭环运作具体说明如下：利用 FMEA 排查系统潜在故障隐患风险，研判故障模式，通过 CA 量化故障模式的危害程度，识别系统薄弱性及关键环节；通过 FTA 对高危风险进行定性定量分析，ETA 辨识事故风险致因机理，并传导给所构建的高危害度故障模式 Bow-tie 模型；根据 FMECA 模型和 Bow-tie 模型所得结果，运用 FRACAS 模型管控好系统风险。同时，分析实践中的事故故障，通过 FRACAS 剖析出失效模式信息，补充、反馈修正 FMECA 和 Bow-tie 模型的不足；Bow-tie 模型分析结果为 FMECA 的应用提供系统失效模式信息补充（张宇栋等，2017）。

四　闭环管理运作机制模型启示

尽管不同的闭环管理模型存在一些差异，但也具有很多共同点，从诸多共同点中我们可以得到一些启示。

第一，闭环管理是一个完整的系统，实行系统化管理。闭环管理是一个由若干子系统组成的整体，整个系统是一个大环，由若干小环组成，大环套小环，小环保大环，小环中又套有更小的环。大环是小环的母体与依据，小环是大环的分解与保证。各个管理主体须加强协同合作，促进各个小环同向而行，彼此协同，互相促进，实现从无序到有序的治理，共同完成系统治理目标。

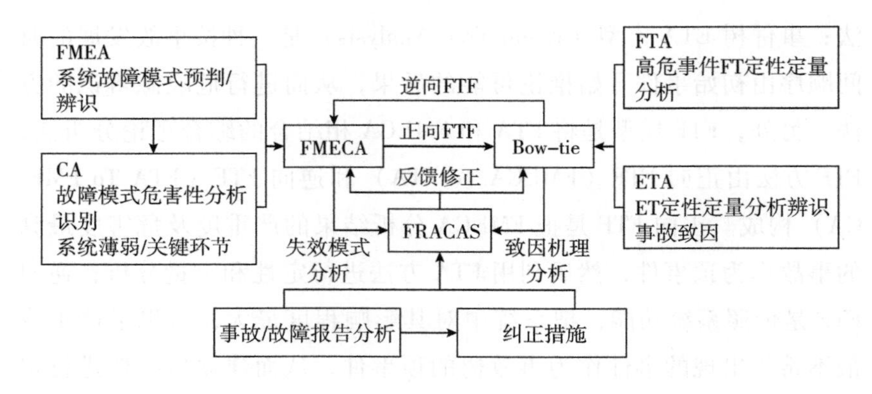

图 4-3 风险闭环管理模型

资料来源：张宇栋等：《城市管道系统风险分析及闭环管理研究》，《中国安全生产科学技术》2017 年第 2 期。

第二，闭环管理是一个不断提高的过程，实行全过程管理。闭环管理是一个从计划规划开始重新回到计划规划阶段的管理过程。需要前移管理关口，将整个防控过程做实做细。从计划规划或应急预案制定开始，到事中响应与治理，事后恢复、经验教训总结、反馈，回到制订新一轮计划规划或应急预案起点，再次加固薄弱环节的管控，提高应对下一次风险的能力，构成了一个整体的“闭循环”全过程，实现了“无缝管理”，防止跨域生态环境风险管理的“缝隙”与“真空”。同时，闭环管理是一个循环上升的动态过程，通过决策、控制、反馈、调整、再决策、再控制、再反馈、再调整……在周而复始的循环积累中固化强者、强化弱者，使方案规划得到持续不断的优化、改进和提高。

第三，闭环管理是一个封闭回路，防止“断点”阻断目标实现。闭环管理使系统和子系统内的管理构成连续封闭回路，通过细化“点对点”各环节管控，强化关口衔接，促进各步骤之间的紧密衔接以及多个循环之间的连续递进，确保环环相扣，并使系统活动维持在一个平衡点上，防止事前、事中和事后等时间上的“断点”，计划、执行、反馈之间过程上的“断点”，决策层、执行层、监督层与反馈层人员之间的“断点”，尽可能地避免战略不能有效支撑具体的目标、执行偏离战略目标、执行效果无检查、检查状况无反馈，从而影响整个目标的实现。

第五节　跨域生态环境风险全过程闭环管理运行机制模型构建

根据中国生态环境闭环管理实践中的成效与缺陷，借鉴 Robert-David 闭环管理模型、PDCA 循环模型及其衍生出的风险模型思维，构建一个涵盖事前预防、事中响应和事后修复反馈的跨域生态环境风险全过程全天候闭环管理运行机制（见图 4-4），克服实践中运行困境，提高治理效能。

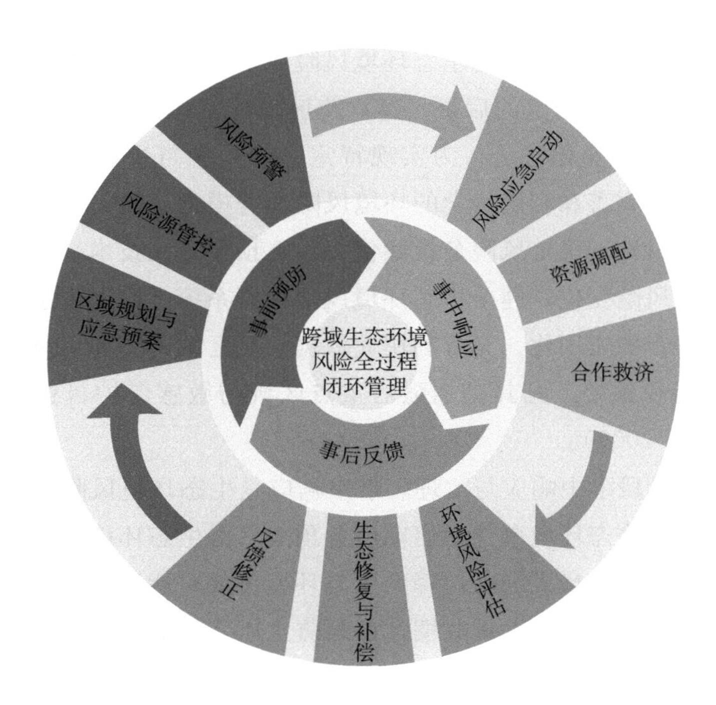

图 4-4　跨域生态环境风险全过程闭环管理运行机制

一　健全跨域生态环境风险全过程闭环管理流程

第一阶段事前预防与预警。一是制定区域生态环境风险整体规划和应急预案。在综合考虑生态环境现实状况的基础上，各行政区协同制定可操作性的区域环境风险整体规划和应急预案，明确目标、职责分工，作为跨域生态环境风险整个流程管理的制度依据。二是协同加强生态环境风险源管控。加大对生态环境风险源的排查、识别与评估，分析其潜在风险形成机理，推进环境风险源的分类分级管理；加大对可能影响到的人、有价值物体、自然环境等环境风险受体的调查和保护，加强脆弱性评估。同时，建立和完善区域生态环境风险源数据库及监控系统，储备足够生态环境资源，并对照区域生态环境规划和应急预案，根据风险源的分级分类管理和受体的脆弱性，加强对风险源的动态管理与控制。三是开展生态环境风险预警。预警是生态环境风险事中处置的前奏，完善的预警机制和有效的预测预警可大幅度提高环境风险处置能力，尤其要强化风险识别能力，迅速地把生态环境风险识别出来，最大限度规避环境风险或降低其产生的后果。建立跨区域环境风险预警指标体系，掌握环境质量变化态势，为实现特定风险预警与快速响应打下基础；开发、完善和利用科学的环境风险预警模型，以人类健康和生态安全为目标，确定风险分级阈值，建立预警分级技术，准确预测生态环境风险变化；健全生态环境风险预警系统，推进生态环境风险预警平台的实用化，充分利用大数据，对区域生态环境风险进行有效监测和预警，尤其是加强对重点区域与敏感保护目标的预警（毕军等，2009）。

第二阶段事中响应与治理。事中响应是生态环境风险因子释放之后形成了生态环境事件而启动应急预案，对生态环境事件进行及时有效的处理，最大限度地降低生态环境事件可能造成的影响。事中响应是应急处理的关键时期，也是防止风险扩散和次生衍生事件发生、最大限度降低风险带来损失的重要时间点，需要按照跨行政区规划和应急预案流程启动合作，加强应急能力建设，避免各行政区、各部门和各领域各自为政造成资源浪费和治理时机延误。事中响应也是一个联动的整体过程，生态环境风险因子释放和传播后，各行政区立即启动应急预案，火速组建领导指挥机构，明确指挥权，便于集中统一领导；跨域调配各类资源，保障合作救济的资源供给；联合启动技术支持系统，促进技术跨域共享共用和一体化；迅速组建专业救援队伍，确保救援人员数量与质量。通过一系列措施，加强应急监测、泄漏控制与污染清除、应急救援与受体保护。

第三阶段事后修复与反馈。跨域生态环境风险修复与反馈阶段是风险得到有效控制后各个主体的行动，包括评估、修复、补偿、反馈。具体而言，对本次生态环境风险的形成、治理效果进行全方位评估，尤其是加强对目标的达成度、过程规范度的评价；运用评估结果制定生态环境修复方案，投入相应的人力、物力、财力进行持续的治理，促使生态环境质量恢复到发生前的状况；在跨域生态环境风险治理过程中以及后续的恢复过程中，根据各个行政区治理主体和利益相关者的权力—责任、收益—成本关系，开展成本分摊，对超额付出者进行经济补偿；总结生态环境风险发生、发展状况和治理效果，反思生态环境风险整体规划和应急预案在生态环境风险防范、治理过程中的统领作用，探寻其中的缺陷，并对其提出补充、修正和完善意见建议，以便在下一次风险事件中能发挥更好的作用。

二　完善跨域生态环境风险全过程全天候闭环管理运行机制

跨域生态环境风险全过程闭环管理流程产生较好效果的前提是有一个首尾衔接、环环相扣的完整闭环管理运作机制。须将生态环境风险事前—事中—事后治理作为一个闭环系统，将规划与应急预案制定、风险源管控、风险受体调查、风险预警、生态环境事件报告、风险应急启动、监测处置、评估修复、补偿反馈作为闭环子系统，促使系统与子系统间形成连续封闭和回路，且使系统运作维持在一个平衡点上，根据运作中的评估和反馈，做出相应的变革，弥补偏离标准和计划，不断优化治理，在循环积累中不断提高。

在具体的运行中，通过省际协调委员会及省以下各级生态环境保护委员会（第五章将进行详细说明）统筹各行政区合作制定跨域生态环境风险规划与应急预案，协同利用各行政区资源，促进跨域生态环境风险防治各个阶段整体联动，实现“规划与应急预案—预防预警—响应处置—评估修复—总结反馈—规划与应急预案”的良性循环，在反复循环中完善规划与应急预案，加固薄弱环节。通过完整的“闭循环”，实现“无缝管理”，防止跨域生态环境风险管理的“缝隙”与“真空”，不断提高应对下一次跨域生态环境风险能力，最大限度地发挥闭环管理效应。

同时，跨域生态环境风险全过程闭环管理应处于全天候的服务状态，平时由省际协调委员会及省以下各级生态环境保护委员会组织跨域生态环境风险培训、防范演练、风险源管控和生态风险预警；生态环境事件发生时，火速启动跨区域应急预案，调动各种力量，运用各类资源，开展合作救助；风险得到控制后，开展风险评估，修复生态环境，并根据各行政区的权责大小分摊成本，总结经验教训、改进规划与预案，进入下一个新循环。通过没有起点和终点的全天候的服务，提高跨域生态环境风险全过程闭环运作效能。

第六节　研究结论

闭环管理已广泛运用到政治、经济、文化、社会，乃至生态环境治理等方面。国内外研究者建立了多个闭环管理运作机制模型，尽管不同的闭环管理模型存在一些差异，但也具有很多共同点，从诸多共同点中我们可以得到一些启示：闭环管理是一个完整的系统，实行系统化管理；闭环管理是一个提高的过程，实行全过程管理；闭环管理是一个封闭回路，防止“断点”阻断目标实现。借鉴国内外闭环管理思维，构建一个涵盖事前预防、事中响应和事后修复反馈的跨域生态环境风险全过程闭环管理运行机制：将生态环境风险事前—事中—事后治理过程作为一个闭环系统，将规划与应急预案制定、风险源管控、风险受体调查、风险预警、生态环境事件报告、风险应急启动、监测处置、评估修复、补偿反馈作为闭环子系统，促使系统与子系统间形成连续封闭和回路，且使系统运作维持在一个平衡点上，根据运作中的信息评估和反馈，做出相应的变革，修正规划计划，不断地优化治理，在循环积累中不断提高，增强全过程一体化治理效应。跨域生态环境风险全过程闭环管理运行机制是一个较为复杂系统，也是一个不断发展和完善的动态治理过程。如何在空间维度上实现这一运行机制是一个亟待解决的问题，我们将在第五章开展研究。

第五章 跨域生态环境风险全过程治理实现机制

第四章从时间维度构建了跨域生态环境风险全过程治理运作机制模型，本章将采用系统分析法、模型研究法、案例分析法、比较研究法、实地调研法等研究方法，从空间维度研究如何“实现”前一章所提出的跨域生态环境风险全过程治理运作机制。具体而言，本章首先构建一个跨域生态环境风险全过程治理实现机制总模型，分析其主体互补效应、空间配合效应和全过程一体化效应，然后将多中心多手段治理机制和跨区域治理机制寓于全过程管理中，从两个方面研究这些效应的落实问题，以解决前一章所提出的跨域生态环境风险全过程治理运作机制的“实现”问题。

第一节 跨域生态环境风险全过程治理实现机制整体模型及其效应

为破除“屏障效应”、“集体行动困境”、治理主体单一以及治理过程割裂等困境，落实跨域全过程运作机制，降低或避免跨域生态环境风险，须构建跨域生态环境风险全过程治理实现机制全景图。无论是跨域生态环境“屏障效应”“集体行动困境”，还是单一主体治理困境的破局，其关键在于省际行政区，破除了省际间区域行政壁垒，省级以下行政区间的困境相对就迎刃而解了。故此，省际协同合作治理极为关键。本节将构建整体性省际协同治理实现机制总模型，分析空间配合效应、主体互补效应以及过程一体化效应，从整体上阐述前一章所提出的跨域生态环境风险治理全过程运作机制的实现问题。

一 跨域生态环境风险全过程治理实现机制整体模型全景图阐释

中国跨域生态环境风险全过程治理体制机制不断得到完善，取得了巨大的成效。当然，完善、健全是一个相对概念，始终存在改进空间。在不打破现有行政区划体制前提下，实现协同整体效应，确保合作的有序性和有效性，须加强顶层设计，建立高层权威机构，构建整体协同合作机制，开展跨行政区多主体多手段全过程合作治理。实践中，中国很多区域尤其是跨省际行政交界区成立了区域生态环境跨域协调组织，如长三角区域水污染防治协作小组工作会议、京津冀生态环境执法联动工作机制、泛珠三角区域环境保护合作联席会议等，但这些组织过于松散，每年通过组织一些会议和论坛的形式，聚集在一起讨论生态环境问题，平常联络不频繁，对协同促进跨行政区合作的效力不够，应借鉴《中华人民共和国长江保护法》（以下简称《长江保护法》）的相关规定，设立统筹机构，建立协调机制。《长江保护法》规定“国家建立长江流域协调机制，统一指导、统筹协调长江保护工作，审议长江保护重大政策、重大规划，协调跨地区跨部门重大事项，督促检查长江保护重要工作的落实情况”，同时明确了国务院有关部门和包括长江流域省级人民政府在内的地方政府和部门落实长江流域协调机制的决策，拔高了协调机构层次，强化了合作机制。借鉴长江流域协调机制，建立权威协调机构，建立区域协调机构，提高统筹协调能力，增强包括省级政府在内的各行政区生态环境合作治理机构的协同职能，赋予协调机构统一指导、统筹协调、重大政策和重大规划制定、协调跨地区跨部门重大事项，以及督促检查区域生态环境保护情况的落实等权力，以提高跨区域生态环境治理效能。

如图 5-1 所示，在中央政府的领导下，成立生态环境跨域工作领导小组（以下简称“中央领导小组”），隶属国务院办公厅，中央政府也可以授权生态环境部建立生态环境跨域工作领导小组。在中央领导小组指导下，成立省际区域生态环境跨域协调委员会（以下简称“省际协调委员会”），由省级各行政区主要负责人、专家、公众等组成，对领导小组负责。省级以下的政府及政府间成立相应各级工作领导小组和各级协调委员会。中央领导小组指导生态环境部协同水利部、交通运输部、农业农村部、应急管理部等相关部委参与跨域生态环境风险全过程治理尤其是跨流域水治理，领导省际区域生态环境跨域协调委员会与生态环境部六大片区督察局积极合作，配合中央生态环境督察，共同协调省际跨域生态环境风险防治。中央领导小组利用政治动员、法律法规、制度、经济、伦理道德等控制参量，协调下一级各行政区政府行动，协同推进跨区域生态环境风险合作治理。各行政区政府通过其职能部门，广泛吸收包括政府各部门、企业、非政府组织、社区和居民等多治理主体，并将生态环境风险事前预防预警—事中应急处置—事后修复补偿等全过程闭环系统纳入其中，利用跨行政区协同合作，凸显主体互补效应、空间配合效应以及全过程一体化效应。模型中的全过程一体化效应、主体互补效应和空间配合效应是一个相互支撑、协同促进的整体。通过主体互补效应、空间配合效应、过程一体化效应共同促进跨域生态环境风险全过程治理运作机制的实现。

二　跨域生态环境风险全过程治理实现机制整体模型的效应

通过多中心协同、跨域合作和整体化治理，发挥多主体互补效应、跨区域空间配合效应以及全过程一体化效应，提高跨域生态环境风险全过程治理效率，实现跨域生态环境风险全过程治理运作机制。

（一）推进多中心协同，发挥主体互补效应

目前诸多的公共管理是一个牵动全局的系统，不是国家或市场能解决的，自我组织是更为有效的制度安排（埃莉诺·奥斯特罗

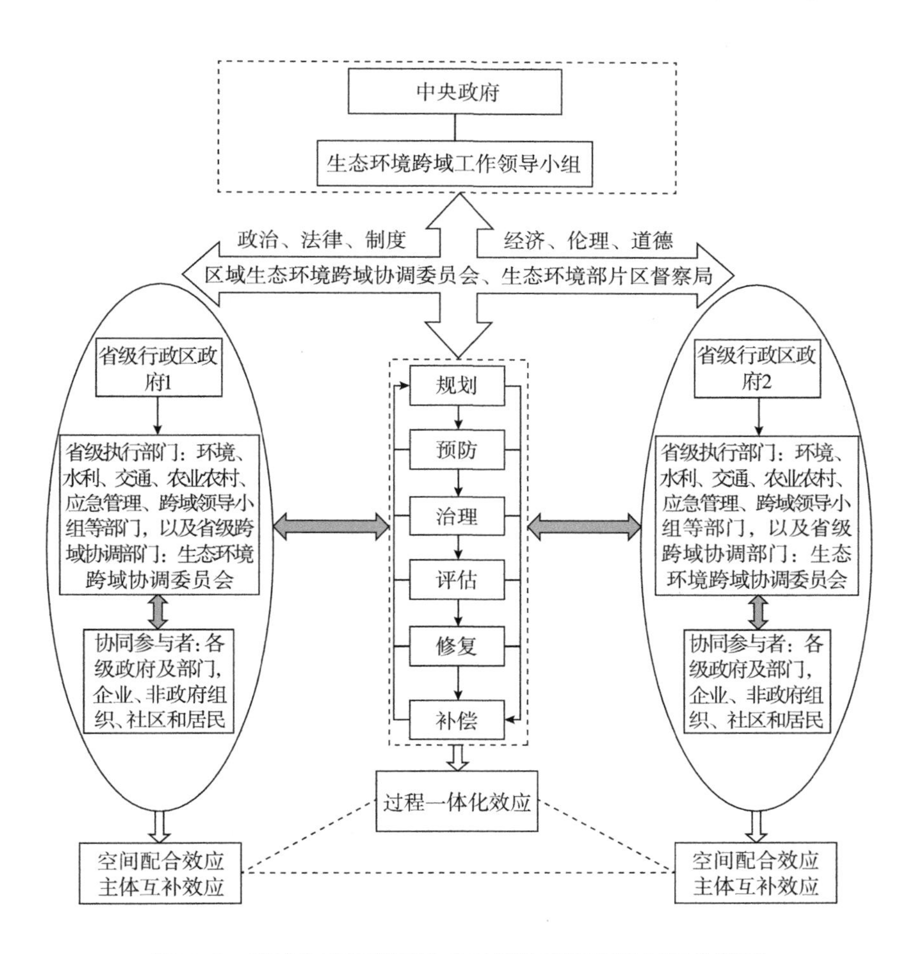

图 5-1　跨域生态环境风险全过程治理实现机制整体模型

姆，2000）。政府、市场、第三部门、居民等主体在相互独立决策中存在竞争，需签订合约或利用核心机制来解决冲突（埃莉诺·奥斯特罗姆等，2000），建立多中心协同共治机制，实现优势互补。如图 5-1 所示，在各级领导小组领导下，吸纳政府、企业、公众组建各级区域生态环境跨域协调委员会，作为各级生态环境预防和生态环境应急事件的协调机构，推动多主体合作。以下我们将简单分析政府、市场、公众等多主体各自的优势及其互补效应，各主体具体职责及其运行机制将在后面一节进行研究。

促进政府、市场、第三部门、社区与居民合作，利用各自的优势、避免其缺陷，发挥多主体互补效应。国内外学者对政府、市场、社会融合或协同作用进行了直接论证或间接论证，认为社区、社会团体与政府、市场合作，能平衡政府与社会公众间的关系与利益（Gordon White，1993），支撑现代经济社会发展（速水佑次郎等，1989），单一的政府或市场在治理中取得成效有限，政府与市场的组合，以及各种资源配置方式不同程度上的选择方能实现突破（查尔斯·沃尔夫，1994）。跨域生态环境风险全过程治理也不例外，需要融合政府、市场、第三部门、社区与居民等多个主体，发挥各自优势，将制度嵌入一定的社会关系中，利用制度的规范约束力，结合道德规范等强大的非正式力量，可以产生协同效应。图5-2由A政府、B市场、C第三部门、D社区与居民、E多中心协同合作五个图组成，分别表明了政府、市场、第三部门、社区与居民在生态环境治理中各自的作用方式与优势，以及多中心协同合作的优势。E多中心协同合作图是政府、市场、第三部门及社区与居民束的交集，阴影部分A就是协同治理互补效应。它融合了政府、市场、社会的优点，政府可充分利用公权，发挥把握宏观方向、顾及公平与正义、提供资金作用；市场通过价格机制、竞争机制，聚集各种生产要素，注重效率，以最低的成本和最佳的投资收益来治理生态环境；第三部门利用社会机制，注重公益性，突出个性化和强化及时回应；社区、居民利用道德规范约束机制，发挥第一线监督作用。总之，生态环境风险协同治理是一种区别于传统单兵作战的新体系，既能充分发挥各行政区市场竞争机制优势，避免政府单向操作的低效率，也能利用政府与社会组织的规划、决策、监督和及时回应的优势，避免因市场外部性导致公共性的流失，兼顾公平、效率和公益性，节约信息搜索成本，降低执行成本与监督成本，减少内耗，促进不同主体利益分享与成本分摊，提高治理效率，使行政交界区生态环境的消费者福利最大化。

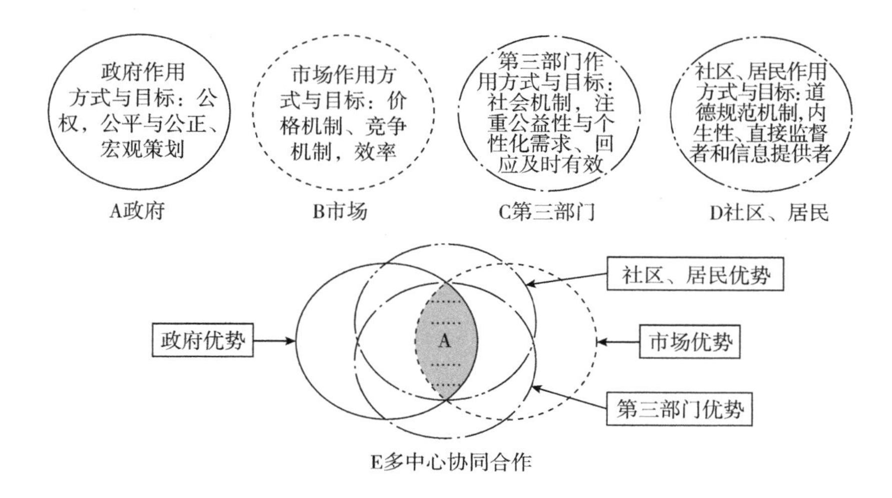

图 5-2 生态环境风险治理多主体协同互补效应

（二）促进跨域合作，发挥跨区域空间配合效应

行政壁垒与“屏障效应”是跨域生态环境风险全过程治理的顽疾。在利益最大化驱动下，各行政区从区域本位出发，强化边界功能，使其对相邻行政区经济要素流动和空间联系发生“切变”（张友，2013），体现在对生态环境、产业扩张、基础设施、市场等产生“切变”，导致跨域生态环境风险全过程治理的“碎片化”和“集体行动困境”。传统模式中，单个地区均难以化解跨行政区生态环境风险全过程治理困境，需要区域协同合作。但区域联动不是自觉形成的，具有被动性，其逻辑是：生态环境风险事件发生后，造成了极大危害，在多层高压下，促成跨行政区合作。这种风险事件发生后的被动联合行动逻辑，交易成本居高，尤其是省际跨域协同难度更大。

建立跨区域全方位协同治理机制，强化各行政区整体性和一体化，提升区域整体效应，是解决跨行政区生态环境“囚徒困境”和“碎片化”的重要路径。各行政区摒弃传统行政区思维，打破行政壁垒，开展自由平等对话，将跨边界各个行政区视为一体，强调行动的一致性，降低盲目竞争，化解矛盾与冲突，共享信息，实现公共理性和公共利益最大化。发挥各级政府、部门与生态环境跨域协调委员会的作用，统筹治理各个行政区生态环境风险，防止行政区之间行政壁垒所带来的无效耗损，尽可能避免一个行政区获取收益的政策或行为，其负效应由另一个行政区来承担的现象发生。充分利用各行政区要素禀赋和区位优势，合理调配、共同开发资源，促进要素空间流动和互补，发挥规模集聚效应。共同承担跨行政区生态环境治理成本，共同获取收益，必要时相互间让渡优势资源和给予对方补偿，防范为利益而过度竞争，避免道德风险和逆向选择，避免过度理性而追求本位主义导致“公地悲剧”，实现区域整体效应，提高治理效率，克服“免费搭车”和“集体行动困境”，防止重复建设，更好地回应、满足跨区域跨部门的社会多元化需求，在更大范围内优化配置有限的资源，解决“碎片化”难题，实现增加双方共同福利的帕累托最优效应目标。

（三）开展整体化治理，发挥过程一体化效应

构建一个集规划、预防、治理、评估、补偿、反馈于一体的跨域生态环境风险全过程治理机制，开展整体化治理，凸显全过程一体化效应，是跨域生态环境风险多中心多手段全过程治理机制模型的重要组成部分。跨域生态环境风险全过程治理在纵向上级政府和横向协调委员会的领导和协调下，多主体联合行动，按照跨域生态环境风险全过程治理事前预防、事中响应和事后反馈三个阶段构建一体化运作机制，通过规划、预防、治理、评估和补偿等过程的无缝对接，发挥过程一体化效应，提高运作效率。首先，加强事前规划与预防。各级协调委员会指导各政府联合制定生态环境风险防治规划，组织各行政区生态环境风险全天候的联防联控，吸纳政府、私人部门、第三部门、社区组织和居民的参与，加大对环境风险源排查、识别、评估力度，建立跨区域数据库及监控系统，完善预警机制，制定应急预案，克服行政交界区“屏障效应”“切边效应”，避免各个行政区以边界为天然屏障，维护自身利益，释放环境风险因子，造成生态环境事件。其次，强化事中响应与治理。当第一阶

段预防失利，生态环境事件发生后，各级协调委员会迅速启动合作治理，各行政区积极响应，运用各类资源，调动各种力量，避免“囚徒困境”。重点在于启动环境风险应急预案，及时有效地处置环境风险因子释放之后所造成的污染事件，严控生态环境风险的发展，降低污染事件的影响。最后，落实事后修复与反馈。生态环境治理取得一定成效后，对生态环境进行全面评估，按照评估结果制定修复措施，并根据治理中各行政区的权责及其治理中的成本和收益，对行政区和相关当事人进行合理补偿，并总结反馈治理经验教训。通过从规划预警到响应治理，反馈协同治理经验教训，修订完善跨域生态环境规划和应急预案，不断提高跨域生态环境治理能力，增强全过程一体化治理效应。

第二节　跨域生态环境风险多中心多手段全过程治理机制

为促进生态环境风险治理主体系统的各子系统相互支持、密切配合、各尽所能，发挥多主体互补效应，进而推动全过程一体化效应，增强治理的整体性、有效性，须推行跨域生态环境风险全过程治理多元化、分权化和整体化新模式，重构生态环境风险治理机制，形成政府、私人部门、第三部门、社区和居民等多中心治理网络，构建多中心、多手段的整体性协同机制，以实现前一章所提出的跨域生态环境风险全过程治理运作机制。

一　生态环境风险治理的三重“失灵”

前面论述了通过发挥政府、市场和公众等主体各自优势，实现多中心多主体互补效应。在此，我们从另一个视角开展研究，由于单一治理主体和手段存在缺陷，任何政府、市场和公众等单一治理主体和手段都无法有效解决生态环境治理难题，从而需要构建多主体多手段运作机制，实现协同治理。

（一）政府存在“失灵”或不足

第一，政府及其官员有着自己的偏好。著名学者布坎南（1988）认为，一切政治活动主体都不是超然道德主体，都具有利己的行为偏好，且个人的行为天生要使效用最大化，一直到他们受到抑制为止。故此，政府和官员都有着自己的偏好，存在追逐部门利益或个人利益最大化的动机。为达到晋升和获取利益等目的，政府官员在制度许可范围内或通过打制度“擦边球”的方式，推动自己的目标实现，注重短期经济发展、民生改善，甚至大搞面子工程提高政绩，将资源开发到极限，而对生态环境保护关注不够，生态环境保护意识不强，将生态环境负外部性转给继任者承担，最后由社会、居民等群体买单。

第二，单一政府治理的交易成本高、效率低下、公众需求得不到及时回应。单一政府的决策、执行、监督、评估和修复等行为的交易成本高，影响了效率。政府“自上而下”的决策流程，缺少企业、公众的参与，收集信息困难，信息失真，难以回应社会需求。执行过程中条块分割的科层组织环节过多，成本上升，效率不高。脱离企业、公众、社区所形成网络“面”的监督、评估和修复，政府“点”的监督将是覆盖面有限、评估精准度不够、修复难以到位。加之，政府绩效难以核算和衡量，在制度不完善、信息不对称、公众参与不够的情况下，难以避免低效与浪费。

第三，生态环境风险治理中政府存在“碎片化”与外部性。很多学者认为政府可以破解市场无法解决的外部性困境，实际上，政府机制也具有外部性。尤其是跨域生态环境风险全过程治理中的“碎片化”导致较为严重的外部性。各行政区政府企图“免费搭车”，在治理跨域生态中开展博弈，若没有制度和上级政府干预，极易形成“公地悲剧”。

（二）市场存在“失灵”或缺陷

第一，市场治理具有偏离公共性的风险。生态环境是公共产品，具有公共性。“市场经济虽然是有效率的，但它对公平或平等却是盲目的。”（保罗·A. 萨缪尔森，1992）市场天然趋利性及追求经济效益的本能，与生态环境的公共性相悖，实现公平公正较为困难。市场化改革让企业承担了公共服务部分职能，其服务目标也从以公民权为中心转移到以竞争与效率为中心，导致一部分公共性流失。企业过多关注经济效率，对非竞争性、非排他性的优质生态环境通过收费制将部分人排除在外，影响公众公共福利。

第二，市场导致优质生态环境治理的外部性。生态环境治理的外部性意味着一些市场主体可以无偿地获得外部经济性的好处，造成私人成本与收益的差异以及社会成本与收益的不同，导致边际私人收益小于边际社会收益，边际私人成本大于边际社会成本，并出现了治理企业“搭便车”行为。

第三，市场治理交易成本较大。“鉴于公共服务产品的特殊性和契约的不完全性特征，市场化供给模式必然带来大量的交易费用问题”（李学，2009）。生态环境作为公共产品，其市场治理必然存在大量的交易成本，包括信息成本、谈判成本、执行成本以及监督成本等，导致其难以发挥应有的作用。

（三）第三部门存在“失灵”或弱点

第三部门是生态环境风险治理的重要力量，一定程度上能弥补政府与市场的不足。但第三部门也存在“失灵”或弱点，第三部门单打独干无法实现跨域生态环境风险全过程治理目标。

第一，第三部门零散，缺乏合力。有关生态环境风险治理的第三部门，主要是为解决生态环境某一区域某一问题，从自我视角出发，按照自己的价值取向，治理自己的关注对象，缺乏统一性与全局性，不能从整体上权衡各方利弊、协调各种关系，实现整体性治理。

第二，第三部门也有利己的偏好。第三部门创设时就设定了自己的目标和偏好，难以摆脱利己诉求，第三部门“野心勃勃、独裁专断、自私自利、玩弄权术等也是屡见不鲜的”（弗斯顿伯格，1991），在生态环境风险治理中难以达到国家与社会公众所期望的效果。

第三，中国生态环境风险治理的第三部门还处于相对较弱状态。由于国情不同，我们必须发挥党和政府在治理中的重要作用，这是中国制度的强大优势，也是中国经济社会长期持续发展的强大动力。近些年跨域生态环境风险全过程治理取得的成效也得益于党和政府的坚强领导和真抓实干，得益于制度保障。

同时，中国跨域生态环境风险全过程治理中第三部门的作用日益凸显，但由于路径依赖，第三部门发展迟缓，总体上还比较弱小，功能发挥不够，能力有限，在跨域生态环境风险全过程治理中还处于“拾遗补阙”地位，难以胜任跨域生态环境风险全过程治理。

二 跨域生态环境风险多中心多手段全过程治理的主体及其职责

跨域生态环境风险全过程治理需要各地政府、市场和公众等众多主体参与，这些主体有其优势，也存在“失灵”与不足，需要开展多元协同合作，合理分工、明确权责，扬长避短，并形成合力，方可有效协同治理，弥补单一治理主体的缺陷，提高治理效率。

第一，跨域生态环境风险全过程治理的规划者。规划者须具有高瞻远瞩的能力，结合区域生态环境的脆弱性、生态环境风险受体情况、基础设施、工业分布等状况，对区域生态环境风险防治进行远期、中期和短期规划，作为生态环境治理的指导性纲领，统领全局。在各地党委协同统领下，各级政府作为公众的代理人，因超脱个人利益方面比其他主体都强，具有宏观的远见，理应是区域生态环境风险防治的规划者。前一节所提及的区域生态环境跨域协调委员会是区域生态环境风险规划完成者。具体而言，区域生态环境跨域协调委员会利用其所组成的相关专家、企业代表和社会公众代表，参与生态环境规划的调研、起草和完稿，最后由跨域各政府共同完成审定。

第二，跨域生态环境风险的防治者。在生态环境防治中，在坚持党委为统领、政府为主导下，环境保护部门加强环境督察，防范生态环境事件发生。企业是预防和治理的主体，公众是重要的参与者。排污企业实行自我申报、自我治理、自我监测、自我公开，自觉接受全社会监督，生态环境管理部门要构建“守信激励”与“失信惩戒”机制，建立排污企业制度，对违法排污企业依法依规纳入黑名单，向社会公开。推行环境污染第三方治理，鼓励企业积极参与环境污染第三方治理，实现由谁污染、谁治理向污染者付费委托第三方开展治理的专业化治理方向转变。社区、居民是生态环境防治的重要参与者，自觉保护所在地的生态环境，开展垃圾分类、无废社区建设，引导社区自觉履行环保义务。环保组织利用其专业技术，为生态环境防治提供技术。

第三，跨域生态环境风险的监督者。政府、社会、公众都是生态环境风险的监督者。加强各地政府及其相应职能部门的联合巡查督导功能；动员行政交界区社会、社区、公众共同参与环境治理，鼓励公众积极举报环境违法行为，充分发挥社会监督功能；利用媒体组织传播速度快、范围广、关注度高和舆论力量强等特点和优势，强化其监督作用。政府、企业、社会、公众应该处于一种相互制约、相互监督状态中，各自充当了对方的监督者，尤其是对污染企业应该处于多种监督状态。同时，各个监督主体内部也应该相互监督、相互制约。通过这些主体的协同监督作用，防范生态环境风险事件发生，倒逼生态环境风险治理和修复。

第四，跨域生态环境风险治理效果的评估者。各地政府生态环境部门、自然资源部门、区域生态环境跨域协调委员会组织专家，并广泛吸纳企业、公众代表对生态环境风险管控和修复效果进行评价，为生态环境修复和补偿打下基础。除专家对相关指标进行鉴定外，还应对污染区开展调研，听取当地社区、居民对治理效果的反应，公开评估结果，以群众尤其是当地居民的满意度作为评价的重要依据，使评估更接地气和更具有科学性。

第五，跨域生态环境风险事件的修复者、补偿者与被补偿者。生态环境风险事件修复是一个多主体参与的过程。政府是生态环境风险修复的主导者，企业是修复的主体，公众是重要的参与者。根据公平适度、党委领导、政府主导、市场主体和公众参与等原则，按照生态环境风险治理中行政区际间、当事人之间的收益和成本，确定补偿者与被补偿者以及补偿金额，并及时将补偿金拨付到位。

三　跨域生态环境风险多中心多手段全过程治理机制模型

构建生态环境风险多中心多手段全过程治理运作机制模型，将跨域生态环境风险全过程治理的各个主体与各个流程有机结合，使其首尾相连、相互促进、连续不断地双向互动，促进彼此交流与沟通、互换信息、规范行为、明确职责，从而提高治理效率（见图 5-3）。

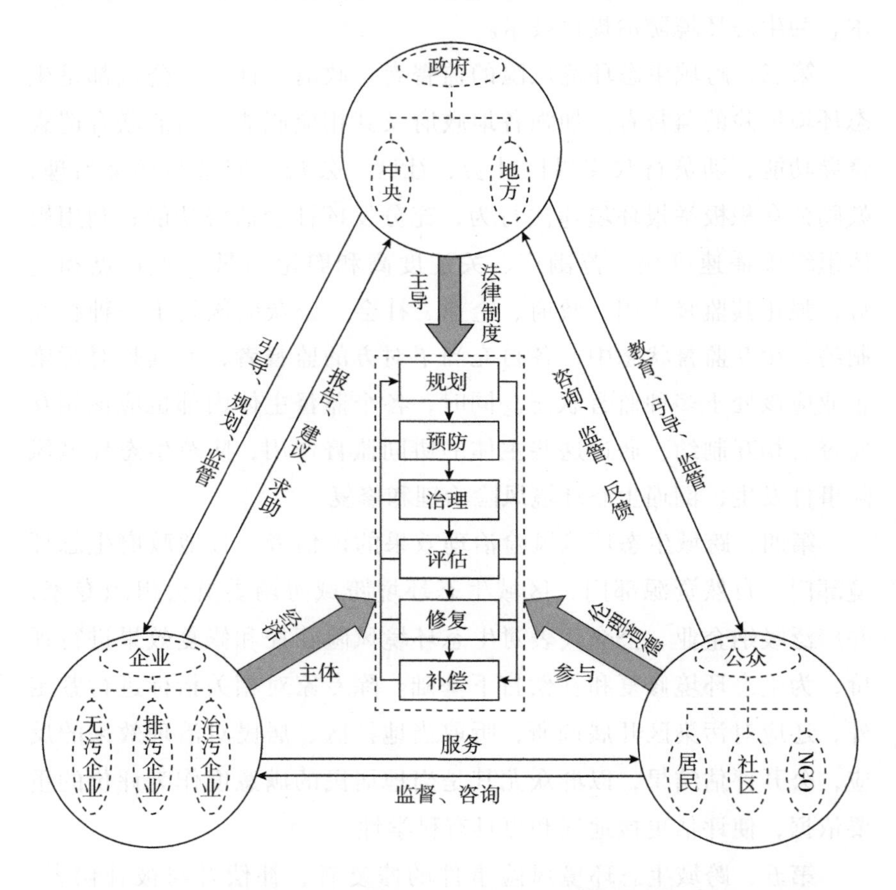

图 5-3　跨域生态环境风险多中心多手段全过程治理实现机制模型

第一，政府充分利用专家、企业和公众代表，对区域企业状况、风险源和受体状况进行充分调研，对区域生态环境进行规划，利用法律、行政和经济等手段统筹生态环境治理规划、预防、治理、评估、修复和补偿全过程，引导、规划、监督、规范排污企业加强自我管理、自我监督和自我服务的同时，接受企业咨询和建议，推动第三方治理，引导和增强治污企业的服务意识和服务能力。政府加大宣传力度，对公众开展生态环境保护教育，引导和监督公众生态环境保护行为，在全社会形成环保意识，接受公众咨询、监督和反馈。

第二，企业作为跨域生态环境风险全过程治理的主体，是污染的重要制造者，也是污染的重要治理者，应该督促其开展自查自纠自治，及时向政府报告污染情况，就生态环境保护中的困难求助于政府，向政府提出政策建议，接受政府和公众的监督，为公众提供生态环境服务。充分发挥企业在生态环境规划、预防、治理、评估、修复和补偿全过程治理中的主体作用，利用经济手段，推动污染第三方治理，积极培育可持续的商业模式，发挥市场配置资源的决定性作用，根据污染物种类、数量、浓度等指标，确定排污者承担治理费用，推行专业化治理。

第三，公众依靠伦理道德，利用其联系广泛和草根性等优势，发挥网络机制、声誉机制、信任机制的作用，加强自我管理、自我约束，参与生态环境规划、预防、治理、评估、修复和补偿全过程治理，向治污企业请求技术支持，接受企业的服务指导，对企业治理行为进行监督；向政府开展生态环境保护相关政策咨询，接受政府服务和监督，也监督政府治理行为，向政府表达诉求和请求援助，为政府提供生态环境相关信息，反馈治理效果。

综上，跨域生态环境风险全过程治理是各主体间良性互动的过程，并由此形成有效的信息反馈系统，构建由党委、政府、企业、公众协同参与的理性决策、治理、监督体制机制，利用行政手段、市场机制和社会机制，充分发挥各个主体和各个机制在生态环境的规划、预防、治理、评估、修复和补偿等全过程治理中的优势，改进治理手段单一和治理过程割裂的困境，提高生态环境风险管控效能。需要强调的是，在整个多主体多手段的跨域生态环境风险全过程治理运行过程中，各主体都是以跨域生态环境风险全过程治理为中心，围绕全过程一体化参与治理，以取得协同效应。

第三节　跨域生态环境风险区际全过程治理机制

“碎片化”和“屏障效应”一直困扰跨域生态环境风险全过程治理，这些难题贯穿生态环境风险治理的全过程。破解这些困境的关键是利用中国强大的制度优势，加强顶层设计，构建跨域生态环境风险区际全过程治理机制，推动各个行政区加强协同合作，实现空间配合效应，以增强全过程一体化效应，实现第四章所提出的跨域生态环境风险全过程治理运作机制。

一　跨域生态环境风险区际全过程治理的逻辑

跨域生态环境风险区际防治困境与全过程治理交织在一起，贯穿全过程治理之中。本节按照事前预防预警、事中响应治理和事后修复补偿等治理过程，通过解剖湘渝黔边“锰三角”生态环境治理，分析生态环境风险区际治理逻辑与困境，结果显示：跨域生态环境风险区际治理采用条块式的“接报—响应—处置”防治模式，缺乏事前防范、事中处置和事后修复的一体化行动，“遵循”着事前为利益引发环境风险隐患，事中诸外部效应“免费搭车”，事后多重高压下合作联动的演进过程和逻辑（贾先文等，2018），也就是遵循“先污染—再治理”的逻辑，各行政区并未主动加强合作的意识和动力，开展生态环境风险防范、联动治理，而是在跨域生态环境风险事件暴发并造成了较大危害后，社会精英呼吁，特别是中央政府推动下，各地政府才加强合作治理，促进生态环境恢复。这无疑给社会和居民带来了较大的灾难和难以修复的阵痛。

（一）利益纠葛下跨域生态环境风险事前防范的区际“屏障效应”

从源头上加强防控，搞好或优化生态环境风险源布局、受体保护和应急资源配置，方能在一定程度上遏制跨域生态环境风险发生。但“屏障效应”影响了跨域生态环境风险预防的效能。分权化改革激发了地方政府发展经济动力，“地方政府企业化”倾向明显，形成了分割的“行政区经济”和行政区行政（马学广等，2008）。在以行政区域为单元的“行政区经济”利益格局下，加之缺乏制度约束，生态环境风险防控“屏障效应”明显。市场是以经济利益最大化为目标，各个政府极力促进地方经济发展，追求本辖区经济利益最大化，而对跨域生态环境风险及其危害考虑不周，外部性抛由各个行政区共同承担，地方政府之间这种为各自利益而陷入不作为或作为不够的状态，助长了企业采取以破坏环境为代价换取经济效益的发展模式。尤其是生态环境风险治理实行“属地原则”，行政边界就如无形的屏障将各省（区、市）生态环境治理隔离开来。为了促进地区经济发展，在工业布局、选址、设计阶段，对其他行政区的影响不仅考虑不周，甚至采取以邻为壑措施，对生态环境风险源、风险受体和应急资源没有统一规划，“切变效应”和“屏障效应”明显，生态环境风险发生的概率增强、潜在后果加大。虽然《中华人民共和国环境影响评价法》规定，“建设项目的环境影响评价文件未依法经审批部门审查或者审查后未予批准的，建设单位不得开工建设”，同时对环境影响评价“属地原则”也进行了规定，造成生态环境风险防治的“属地原则”与影响的“跨域性”矛盾。一方面，政府作为“理性经济人”，为促进本辖区经济发展，会对区域生态环境造成影响。而邻近行政区无权直接阻止跨域生态环境风险的“越界”。另一方面，企业主也是“理性经济人”，践行“污染避难所假说”中的“企业会倾向于选择环境标准较低的国家或国中环境管制较宽松的地区”的理论，由于防治措施相对宽松、加之行政屏障，跨行政区尤其是跨省际区域容易形成“污染避难所”。

（二）外部效应下跨域生态环境风险事中治理的区际“囚徒困境”

事中响应与治理重点在于对生态环境风险因子释放之后形成的污染事件及时启动风险应急预案，开展应急响应和有效的处理，实行科学决策和早期治理，控制风险发展态势，最大限度地降低污染事件可能产生的影响。但生态环境风险发生后，由于生态环境是公共产品，具有外部效应，在没有造成重大影响的情况下，跨行政区污染企业间、政府和企业间、各地政府间进行博弈，结果往往出现“不治污、不治污”的纳什均衡状态，企图通过他人行为无偿地取得外部性的利益，让参与治理者承担全部的成本，蒙受了外部不经济的损失。尤其是地方政府之间“免费搭车”，不仅导致了跨域府际间生态环境风险全过程治理陷入“囚徒困境”，也是跨域排污企业与地方政府陷入“囚徒困境”的根源所在。由于生态环境风险的扩散性和衍生性，“囚徒困境”延缓了最佳治理时间，导致生态环境向其他地域和领域扩散，衍生事件不断发生，生态环境风险管控更为复杂。而且由于各个行政区采集数据没有统一的标准，数据来源多样化，已有的数据资料相对分散，缺乏有效整合，未能实现跨部门、跨区域互联互通和共享，存在“数据壁垒”和“信息孤岛”（《中国行政管理》编辑部，2017），增加了跨域生态环境风险防治难度。当时的湘渝黔边“锰三角”，三地竞相开采锰矿，跨行政区出现了较为严重的污染。面对初现的生态环境风险事件，各行政区都未采取实质性行动。当污染事件恶化到一定程度，爆发了居民上访、媒体曝光等事件，迫使地方政府关注生态环境，政府与企业不得不进入了初始的松散合作状态。此时各级政府也只是疲于应付，采取一些“运动式”治理行动，消极合作，缺乏府际间跨域合作、协同共治的理念与行动，相互观望，各地方政府陷入“囚徒困境”。政府间的这种“胶着状态”被锰矿生产企业所“利用”，排污企业选择了继续排污或暗中排污，政府与排污企业也陷入“囚徒困境”状态，导致生态环境进一步恶化。

（三）多重压力下跨域生态环境风险事后区际合作联动

事后处置重点在于对污染事件发生后所造成的影响进一步采取相应的措施，并通过总结分析，不断修订与完善生态环境风险应急预案体系。中国生态环境风险事件发生后跨行政区协同采取行动一般要经历一个曲折的过程：由于缺乏协同管控，生态环境风险进一步扩散，次生衍生事件增加，危害性进一步加强，甚至出现群体事件，随着事态的恶化，引起上级政府特别是中央政府的高度关注，并通过行政命令和资金支持，促进区际各地方政府事后合作联动，开展实质性合作。湘渝黔边“锰三角”是多重压力下跨域生态环境风险事后合作联动的典型案例（见图 5-4）。面对生态环境污染，“锰三角”当地社区组织和居民通过各种途径向企业和政府反映情况，第三部门也不断地呼吁，引起了党中央和国务院的高度关注，并要求“深入调查，提出治理方案，协调三省（市）联合行动，共同治理”，强化了跨域合作的积极性与主动性，合作联动不断深入。“锰三角”所在的三省（市）通过谈判，建立了合作平台，多次召开区域性环境协调会，制定了《湖南、贵州、重庆三省（市）交界地区锰污染整治方案》，签署了《“锰三角”区域环境联合治理合作框架协议》，探索生态环境风险跨域治理机制，建立起全面、稳定的跨行政区域、多主体的协同治理机制，成为国务院重点推荐的生态环境风险跨域治理的典范。当然，虽然经过多方博弈，促进了跨域生态环境协同合作，取得了较大的成效，但带给当地居民的阵痛短时间还无法消除，资料显示“锰三角”生态环境修复仍需要时间。

二　跨域生态环境风险区际全过程治理机制的国内外借鉴

生态环境本是一个整体，但往往被若干行政区分隔开，实行分片治理，生态环境的整体性与治理的分割性矛盾，导致生态环境风险跨区域治理的现实逻辑与困境，破解这些“集体行动困境”与“屏障效应”，需要一个强有力的机制进行协调，以实现整体性治理。在国外，跨域生态环境风险全过程治理机制开展了长期实践与探索。中国也一直就此进行摸索、总结和提高。国内外的实践与探索都取得了一定的经验。尤其是在国外形成了较为成熟机制，虽然国情有别，但生态环境治理有一定的共性，利用中国特色社会主义强大的制度优势，结合中国在跨区域治理中的经验与不足，为改进

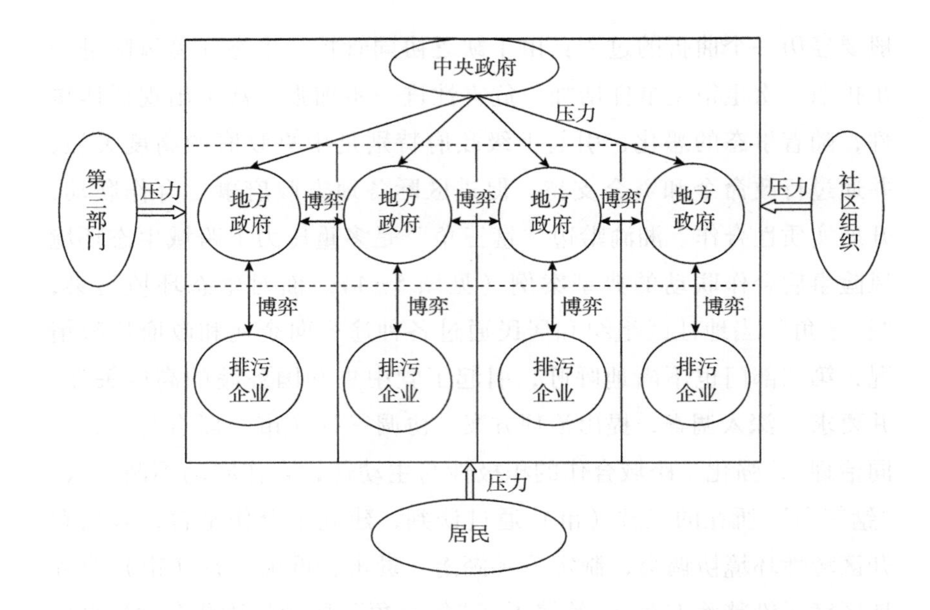

图 5-4 “锰三角”生态环境治理与修复中地方政府面临的多重压力

中国跨区域治理机制提供借鉴。由于治理权限集中度的差异，即使同一国家甚至同一区域在政策环境、政权特性和合作过程都相同的条件下，也会存在不同的治理机制或模式以及治理绩效上的差异（范永茂和殷玉敏，2016）。故此，我们根据统筹治理权限的相对集中程度，将跨域生态环境区际治理机制划分为集权式治理机制、分散式治理机制、混合式治理机制三种形式（贾先文和李周，2021）。

（一）集权式治理机制

集权式治理机制相对比较普遍，集权式治理机制以正式规则主导下的行政命令为主，在政策工具使用上以强制性政策工具为主，实行强制协调，以推进合作的实现和确保协同效果良好。集权式治理机制统筹能力强，有利于加大协调的力度，提高协调效能，系统治理效果相对明显，但不利于各地积极性的发挥。为了防范“囚徒困境”，很多流域治理推行集中式治理机制。泰晤士河流域成立了泰晤士河治理专门委员会与泰晤士河水务局，由其制定跨域治理政策法令、标准以及流程，对泰晤士河流域进行统一规划、监管等全过程防治，通过提供充足的资金，保障跨域水资源保护落实到位（郭焕庭，2001）。田纳西河设立了流域治理局，作为政府机构，由流域内的州长代表以及电力、航运、境保等各方代表参加，负责统筹电力、航运、环保及资源利用等部门，对流域的综合治理发挥了重要作用（Van Egteren H.，1997）。为打破行政壁垒，特拉华河流域各州州长签署《特拉华河流域协定》，建立了特拉华河流域委员会，统一管理流域河流系统而不考虑行政边界，有权制定法规、政策，决定流域内的有关事务，下设监测、防洪、水资源保护、水质管理、流量监管、有毒物质管控六个专业咨询委员会，促进了流域水资源开发利用和生态环境保护（DRBC，2016）。澳大利亚联邦政府授权墨累—达令河流域治理局以流域规划为切入点，协同跨域治理，统一利用流域水资源（和夏冰和殷培红，2018）。为了加强州际环境合作治理，美国联邦政府环保署在全美设立了十个大区环境管理机构，全权代表联邦政府分片区负责管理区域内生态环境，遏制地方保护主义，强化了各个地方环境保护的合作，减少环境风险和环境事件的发生。为了防止跨行政区治理中的“囚徒困境”，日本设立了内阁危机管理总监，负责协调各个省际行政区包括生态环境在内的跨域应急事件，地方各级政府也有对应的机构，领导和协调下一级地方政府应急事件的处理、救助和修复。日本还通过专门负责环境治理的环境省，设立地方环境事务所，协调跨域环境事务治理。《长江保护法》要求设立统筹机构，规定“国家建立长江流域协调机制，统一指导、统筹协调长江保护工作，审议长江保护重大政策、重大规划，协调跨地区跨部门重大事项，督促检查长江保护重要工作的落实情况”，对长江流域实行统筹管理，明确了国务院有关部门和包括长江流域省级人民政府在内的地方政府和部门落实长江流域协调机制的决策，强化各行政区生态环境联合执法、协同治理。

（二）分散式治理机制

对建立统一的跨区域治理机构，推行统一的跨区域治理机制，学者提出不同观点，认为统一的跨区域治理机制成本过高、可操作性也不强，有效治理跨区域河流污染的必然选择是各地之间开展分散式协作（张紧跟和唐玉亮，2007）。分散式跨区域治理机制具有一个较为松散的协调机构，在发挥国家宏观调控和协调机构作用的同时，充分发挥各地方的自主作用，政策工具的使用上以激励性工具为主，通过政治经济社会元素及其成本收益等激励措施，引导和影响决策过程以改变其行为。美国和加拿大通过制订五大湖渔业管理协同战略计划（A Joint Strategic Plan for Management of Great Lakes Fisheries，JSP），实现了跨区域的有效管理，协同治理五大湖流域渔业资源，保护生态环境，按照JSP规定，五大湖各区域合作建立了五大湖渔业委员会，由苏必利尔湖委员会、密歇根湖委员会、休伦湖委员会、伊利湖委员会和安大略湖委员会成员组成，并由成员各自按照流程具体实施所在湖泊流域管理，五大湖渔业委员会只在成员需要时发挥协调作用（贾先文、李周，2020）。欧盟建立了由欧盟环境保护总局（DG ENV）负责监管的社区民间保护机制（CCPM），同时设立了应急协调安排（CCA），按照规程推动欧盟各国合作，强化边界生态环境保护；针对日趋严重的PM2.5污染，欧盟各国达成了实行跨域协同控制的协议，在考虑各成员国不同生态环境以及尊重各国减排历史和现状基础上，提出地区间差异的临界负荷（Critical Loads），按照对污染物影响和削减量科学评估，各成员国协商制定各类污染物的排放上限，并各自按照要求限排和减量（环境保护部大气污染防治欧洲考察团，2013）。欧洲河流往往地跨多国边界，对于欧盟范围内的流域，通过WFD（Water Framework Directive）实现各成员国合作治理，对于超出欧盟各国范围的流域，通过欧盟、欧盟成员国与非欧盟国家共同协调，欧盟作为成员国的代表与非欧盟国家签订合作治理协议，共同管理河流（王海燕等，2008）。跨域管理委员会和欧洲委员会在跨域水域治理中发挥了重要作用。跨域管理委员会根据协定成立专治某一水域的国际机构，在 WFD 框架下协助欧盟、各成员国及流域内非成员国协调治理跨域水域。欧洲委员会代表欧盟开展工作，推动跨域水域的区域划分，编制治理计划。为加强合作，落实跨域管理的各项法律，WFD 要求各成员国指定能够胜任的管理机构，在跨域管理委员会和欧洲委员会的协调下，完成各项跨域环境污染治理（DEPC，2000）。分散式跨区域治理机制虽有一个较为松散的协同机构和机制，但约束力较小，各地方之间对是否合作以及如何合作拥有较大的自主权。这有利于发挥地方主观能动性，因地制宜开展流域治理，但对治理“集体行动困境”的成效相对较差。

（三）混合式治理机制

混合式治理机制通过构建一个对各行政区进行协调的治理制度，从而促进其加强合作，同时又给各地留下了一定自主空间。《州际应急管理互助协议》（The Emergency Management Assistance Compact，EMAC）最初是由美国各州自愿签署的跨域应急管理协议，是灾难或危机时期州际跨域共享公共服务、人员和设备的互助协议，作为全国性的跨洲互助协议和美国在危机时期跨州共享资源的法律机制和框架，1996 年经美国国会批准，上升为联邦法律，是自 1950 年国会通过《民防与灾难协议》之后的第一项全国性救灾协议。EMAC 对包括环境污染风险在内的跨域应急事件的州际合作框架、应急事件发生前后各州的权责和应急事件跨域运作机制等方面做出了规定，形成了跨行政区应急管理协调合作体系，由美国国家危机管理协会进行协调。EMAC 虽然得到了联邦的认可，成为联邦法律，但各州出现危机事件后，联邦政府并非直接去组织州际支援，而是“当各州由于自然灾害、技术灾害、人为灾难，以及资源短缺、社会混乱、叛乱或遭受敌人攻击的民事危机事件，而由州长宣布进入紧急状态”（EMAC，1996）。EMAC 是一个跨行政区全过程一体化机制，按照 EMAC 规定和程序，求援州向救援州发出请求援助申请，得到救援州响应后开展协同治理、修复，求援州给予救援州相应的补偿。由此，EMAC是一种集权式和分散式相结合的混合式模式：虽然是联邦法律，最终的救援情况还得由救援州和求援州按照EMAC相关规定协商决定，而非由联邦政府通过行政措施去解决。有学者对中国七大流域协调机构进行了研究，认为中国七大流域虽然设立了相应协调机构，隶属水利部，确定了流域治理与区域治理相结合的机制和模式，但协调机构权威不够，协调能力有限，缺乏足够的法律保障，是一个“软性”规则（刘俊勇，2013），对各行政区约束力不够。但长江流域除外，因为长江流域出台了《长江保护法》，对长江流域跨域共治进行了明确的规定，实行了集权式的治理。中共中央办公厅、国务院办公厅印发了《关于全面推行河长制的意见》，在省级及其以下的行政区建立了河长办公室，由主要党政负责人作为河长，协调区域河湖流域治理，有力地解决了责任机制中的“权威缺漏”问题，提高了协同效率。因为河长制只解决了省级及以下的集中统一协调，省际的河湖治理是分散的，缺乏集中协调机构，影响省际跨域治理效果。学者认为这是一种新型的混合型权威依托的等级制协同模式（任敏，2015）。

（四）国内外区际治理机制启示

综观国内外生态环境跨区域治理机制，无论是集权式治理机制，还是分散式治理机制或混合式治理机制，都可以从中得出一些具有共性的启示：大凡有效的生态环境区际治理，都会构建一个统一的治理机构、统一的治理框架、一体化运作机制等，值得我们学习和借鉴。

第一，建立了一个区际的治理机构。生态环境本是一个完整的系统，但往往被若干行政区划分隔开，实行行政区行政，造成生态环境治理的整体性与治理跨域性矛盾。各个国家、地区以及国家内部行政区之间都认识到，跨区域治理的整体性决定了协同合作的重要性，也就决定了区际协调的关键性。解决治理整体性与治理跨域性矛盾，需要建立一个共同的组织机构，领导、指导、协调各个行政区行为，促进各个行政区合作。在实际行动中，虽然建立的组织机构性质不同、形式各异、职能有别、结构有异，统筹能力也存在差异，但组织机构具有一定的统筹协调职能，利用经济、行政、法律和社会机制，统筹领导、控制、指导、管理、协调区域内各行政区行为，促进其合作，最大限度地避免“集体行动困境”和“免费搭车”，防止负外部效应输出给其他区域承担。

第二，构建了一个区际治理框架。综观各个国家、各个地区和各行政区区际治理实践，凡是治理效果较好的，必定有一个能统筹区域治理的制度或契约，由国家颁布或行政区联合制定的法律法规制度，或由行政区之间签订的协议，对各行政区合作治理进行框架性规定。虽然这些法律法规制度协议的约束力不同，但一般对资源调配、人员配备、各行政区权责等做出了较为明确的规定，为行政区之间合理有效地利用人、财、物，相互享受权利、履行义务提供了制度框架，是生态环境治理尤其是生态污染应急事件发生后的响应与治理的依据，对迅速地促成协同合作具有重要的作用。

第三，将跨区域治理与全过程治理有机结合。跨域生态环境治理与全过程治理有机结合，实现区际全过程一体化运作，方可有效实现治理目标。生态环境治理效果明显的国家和地区，其重要的经验之一是：把跨域治理与全过程治理有机结合起来，前移治理关口，加强规划与预防，同时推进规划、预防与治理、修复一体化。美日欧将生态环境风险过程的控制点前移，实行化学物品等污染物排放与跨域转移登记制度（PRTR），防范污染物跨区域转移（王金南等，2013）。美国各州合作构建了预防、响应、修复、补偿等跨域生态环境全过程防治体系。日本以综合防灾减灾为重点，形成预防—应对与处理—修复等一套完整的跨域生态环境风险全过程、全方面应对体系（姜贵梅等，2014）。欧盟实行生态环境风险预防为主和全过程防治原则，协同推行 PPRR 全过程循环机制（PPRR Cycle）（OECD，2003）。通过这些机制，将跨域生态环境治理与全过程治理结合起来，有力地遏制了跨域生态环境风险的发生。

三 跨域生态环境风险区际全过程治理机制模型

根据跨域生态环境风险区际全过程治理的现实逻辑与困境，借鉴国内外成功经验，构筑生态环境风险区际全过程治理机制（见图5-5），以化解治理中困境，提高治理效率。首先，要有一个区际权威机构，统筹协调区域治理。其次，要将全过程治理植入跨区域治理中，实现“时空”结合。最后，要有一个能让机制有效运作的区际法律法规制度框架。

（一）建立跨域生态环境区际全过程治理机构，开展纵横联动

跨域生态环境的整体性决定了区域间、部门间联动的重要性，以促进跨域各个行政区及各个部门协同合作。这就需要有一个超脱区域利益的高层协调机构进行统筹协调，降低各个相关行政区“集体行动困境”概率；又需要一个横向合作机构，利用连接地方、熟悉情况，以充分发挥各行政区的积极性。如前所述，各个国家都非常重视跨域生态环境风险全过程治理机构的建立。总体而言，生态环境区际协调治理机构一般分为三类：一是上级政府部门组建跨域协调治理机构，直接领导各行政区合作治理。二是上级政府部门组建跨域协调治理机构，引导、指导各行政区合作治理。三是由同级各行政区政府协商组建跨域协调治理机构，通过协商实行合作治理。不管是哪一类协调机构，须采取纵向管理与横向管理相结合的办法，将纵向机制尤其中央政府关系合理嵌入横向机制中（李兴平，2016），采取纵向指挥协调、横向协同联动，才能促进合作，解决外部性问题。根据奥尔森《集体行动的逻辑》“集体人数越多，集体行动的产生就越困难”理论，结合中国生态环境治理实践中的现实状况，省际政府协调难度比一般地方政府难度大，亟待建立一个省际统筹协调权威机构，能将多个行政区视为整体、统筹跨域生态环境治理各要素、排除地方政府干预的权威组织就是中央政府，故此，由中央政府建立生态环境跨域工作领导小组（或由中央政府授权生态环境部代表中央政府成立领导小组）（见图5-5），交界区或流域范围内的省级政府间加强联动，协同组建由省级政府主要领

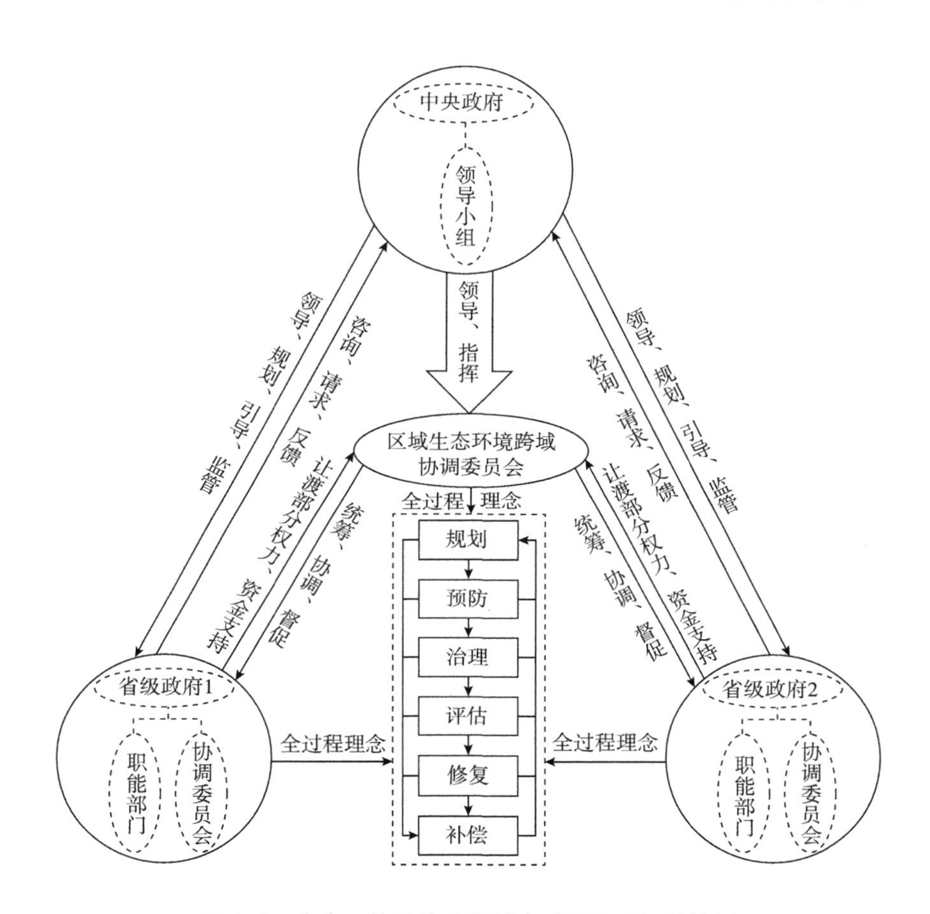

图 5-5　生态环境风险跨区域全过程治理机制模型

导及其环保厅、水利厅、交通厅、农业农村厅等职能部门主要领导以及相关专家和公众组成的生态环境跨域协调委员会。中央生态环境跨域工作领导小组通过政治、法律法规、行政命令、经济、伦理道德加强对各省级政府在生态环境治理中的领导、规划、引导和监督，推动省级政府让渡部分权力，给予生态环境跨域协调委员会资金支持，赋予生态环境跨域协调委员会统筹协调权、区域发展规划权和资源调配权，统筹协调跨行政区的水资源利用与保护、重大项目投资、重点区域生态环境防治工作，加强监督与考核，实现规划、实施、监督、考核、补偿的跨域治理过程一体化，推动区域信息共享、共同决策与监督、协同执法；加强国家相关部委对生态环境跨域协调委员会进行业务指导，贯彻全过程治理理念；加强生态环境跨域协调委员会与生态环境部的六大片区督察局协同联动，通过中央生态环境督察，推动、检验和促进生态环境跨域协调委员会的工作，解决区域重大生态环境问题。

省级以下的跨域合作由地方行政区各级人民政府负责，按照以上模式组建各级相应跨域领导小组，通过各级领导小组指导下级政府组建各级跨域协调委员会，并对其开展统筹协调，彻底打破跨域生态环境风险全过程治理中的行政壁垒，从规划、预防、治理、修复等方面实行跨区域全过程整体化治理，并开展横向与纵向生态补偿，保护区际间公平。

（二）推动跨区域治理与全过程治理有机结合，突破时空局限

生态环境风险具有不确定性、扩散性、跨域性、危害性和难以修复性等特点，即使建立了权威性的协调机构、完善了治理机制，若不注重将跨区域治理与全过程治理有机结合，坚持“预防在先”的原则，也难以达到治理效果。将全过程治理植入跨域生态环境风险治理中，加强区域协同，实行跨域生态环境风险治理一体化，改进割裂跨域生态环境风险全过程治理弊端和跨域治理中的“囚徒困境”和“属地原则”难题。具体而言，在跨域生态环境风险全过程治理中，要前移治理关口，强化规划与预防，推进规划、预防与治理、修复一体化，提高治理效果。如图5-5所示，中央生态环境跨域工作领导小组，在对地方政府进行领导的过程中，要强化“全过程”理念，指导生态环境跨区域治理委员会贯彻全过程管理思维，地方政府尤其是省级政府及其联合组成的生态环境跨区域治理委员会在日常管理中落实全过程治理精神，及时向领导小组报告生态环境区域状况。在协同委员会的指导下，生态环境风险跨区域治理人财物处于全天候的服务状态，平时联合组织培训、演练和检查、预警；污染事件发生时，生态环境跨区域治理委员会迅速启动预案，各省积极响应，跨域联动、协调专业队伍，拨付足够的资金，调配

充足的物资，合作开展救助；有效开展生态评估和修复，按照成本收益规则进行行政区及其当事人之间的补偿，总结经验教训后，重回应急预案规划修订起点，通过“闭路循环”运作，再次加固薄弱环节，筑牢每一防线，提高预防和应对下一次风险的能力。

（三）构建跨域生态环境区际合作治理框架，润滑协同治理行动

建立跨域生态环境区际间合作框架，润滑各行政区合作治理行动，降低合作的交易成本，提高效率。中国各类各级行政交界区多，仅省级交界区数量就很大，而且生态环境风险治理不仅是交界区需要协调合作，相距很远的行政区之间也能很快被相互污染，尤其是河湖流域（比如中国七大流域）往往跨多个省（区、市），流域面积广，仅长江流域，就多达 19 个省（区、市），面积 180 万平方千米，多年平均水资源总量为 9616 亿立方米，占全国水资源总量的 34%，流域内人口达 4 亿多，如此大面积的流域，污染跨域传播速度更快，更难“治愈”，“集体行动困境”现象严重，合作防治是关键。面对频发的跨域生态环境风险及其治理中的“囚徒困境”，一是亟待颁布一部促使多个省（区、市）有序合作的治理法律法规，构建一个全国性合作框架，对合作治理的机构、实施方案、权责、流程等做一个概括性、总体性和动态性的规定，从全局上、纵向上指导全国跨域治理。二是针对流域所在的行政区，“跑马圈水”、争相建坝、条块分割、各自为政、经济效益最大化，以及对生态环境、水资源保护、防洪等社会效益重视不够的状况，借鉴近现代国际大型河川“一个流域一部法律”的立法原则，对中国大型流域颁布特别法。三是鼓励多省交界区签订多边合作协议，就重点风险源、重点区域、重大投资项目、生态资源、生态环境等的保护、监管、评估做出规定，明确权责，实现规划、实施、监督、考核、补偿的跨域一体化，以灵活应对各类生态环境风险，促进有序治理。

第四节　研究结论

本章采取“总—分”研究思路，从空间维度就如何实现跨域生态环境风险全过程治理机制开展研究。为破除“屏障效应”、“囚徒困境”及单一主体治理困境，落实跨域全过程运作机制，降低或避免跨域生态环境风险，应以省际跨域合作为核心，构建跨域生态环境风险全过程治理实现机制整体模型，将多中心多手段治理机制和跨区域治理机制寓于全过程管理中，提高治理效能。具体而言，构建跨域生态环境风险全过程治理实现机制整体模型，分析其空间配合效应、主体互补效应和全过程一体化效应。为实现这些效应，克服政府单一治理弊端，应构建政府、私人部门、第三部门、居民等多中心治理网络，将全过程寓于其中，构建多中心、多手段跨域全过程治理机制，促进跨域生态环境风险全过程治理主体系统的各子系统相互支持、密切配合、各尽所能，实现跨域全过程治理，增强治理的有效性。同时，“碎片化”和“屏障效应”困境一直贯穿跨域生态环境风险治理的全过程，破解的关键是以“全过程”为核心，借鉴国内外经验，利用中国强大的制度优势，加强顶层设计，构建跨域生态环境风险区际全过程治理机制，推动各个行政区协同联动，实现整体化全过程治理目标。

第六章 跨域生态环境风险全过程治理制度体系框架

前面章节在分析治理机制中，提及了一些制度，但不具体、不系统、不成体系，需要开展系统化研究，构建现代制度体系框架，为跨域生态环境风险全过程治理提供制度保障。中共中央办公厅、国务院办公厅颁布的《关于构建现代环境治理体系的指导意见》提出构建涵盖政治经济社会生活的各领域、各方面，具有全局性、整体性、统筹性环境治理体系，为我们开展研究打下了坚实的基础。据此政策制度，本章将生态环境治理的跨域性与全过程管理植入政策制度中，利用系统思维，紧扣现代化主题，创新性地构建现代跨域生态环境风险全过程治理制度体系框架，包括跨域治理主体体系、治理手段体系、治理能力体系、治理政策体系等，形成源头预防、过程控制、后果分担的跨域生态环境风险全过程治理的经济、政治和社会等多方面多系统的制度供给保障体系。

第一节　重构跨域生态环境风险全过程治理主体责任体系

为满足人们对生态环境的需求，增加优质生态环境供给，党和政府采取了一系列措施，生态环境明显改善。尤其是党的十八大以来，生态环境风险治理能力显著提升，但生态环境政府单一治理主体没有根本性改变，跨域联动不够，企业治理主体责任和社会公众参与仍然欠缺，风险意识不强。推动企业与公众参与现代生态环境风险全过程治理，构建跨域党委领导、政府主导、企业主体和全社会共同参与的生态环境风险全过程治理体系，实现从一元主体“管理”到多元主体“治理”的转变，强化全过程意识，增强生态环境治理整体效应。前面章节阐述过多中心治理，本节我们从制度体系加以研究，为其提供制度保障。

一　构建跨域生态环境风险全过程治理府际协同体系

坚持党的领导，明确各级党政主体责任，完善跨域生态环境损害责任追究制度；建立固定的常态化跨域协调机构，强化跨区域协同合力；推行生态成本核算，合理分摊跨域成本。通过一系列措施，确保政令贯通、区域联动、过程连贯、执行落地、链条完整的党政责任体系。

（一）建立分级责任体系，完善跨域生态环境损害责任追究制度

全国性生态治理由党中央领导、国务院负责组织协调，省级区域生态治理由省级党政负责协调，以此类推，实现跨区域生态环境事务由能统筹的上一级党政负总责，通过完善生态环境保护目标责任评价考核体系，推动落实生态环境保护党政同责、一岗双责。借鉴跨域生态环境风险全过程治理经验，通过实施诸如河长制、湖长制，推广田长制、林长制、草长制，完善生态环境保护专职网格员制度，从源头落实跨域生态环境风险防治责任。设定生态环境保护责任清单，由各地各级党政协同推进落实，对各级党委政府及其公职人员的失职、违法违规行为纳入政务失信记录，并严肃追责问责，推行生态环境损害责任终身追究制。

（二）建立固定的常态化跨域协调机构，强化跨区域协同合力

目前，联席会议和临时工作小组作为执行和落实府际间跨域生态环境风险治理机构，因组织较为松散、权威性差，只适合处理临

时性问题，无法适应跨域生态环境风险全过程、全方位治理，如前文所述，组建一个固定化和常态化的各级区域生态环境跨域协调委员会，统一行使各地生态环境部门环境监测监察执法职能，统一负责跨域各行政区生态环境质量监测、执法、调查评价与考核，便于统筹管理，将府际间协议落到实处。该协调委员会由能统筹各行政区的上一级政府牵头组织，各地政府主要负责人参与，吸收区域企业代表、环保专家、NGO 组织以及社区和居民相关利益者等组成。作为跨域生态环境风险全过程治理的组织机构，负责跨域生态环境领导、组织、宣传和协调，强化对各行政区政府、企业和公众的统筹力度，加强事前预防、事中响应和事后修复全过程治理，提升各地政府的协同动员能力、合作制定政策能力、被认同能力，增强企业、社会公众参与能力。

（三）推行生态成本核算，提高跨域合理分摊成本能力

改革和明确各行政区生态环境领域财政事权与支出责任，形成权责清晰、财力协调、区域均衡的各级各地财政关系，构建各级政府事权、支出责任与财力相匹配的制度。推进生态资本的核算，实现生态资本货币化、可计量、可交易，评估各地区环境风险受益情况，按照“收益—成本”精准核算各行政区应该分摊的成本，合理确定各行政区应该配备的跨域救援队伍、投入的资金和提供的储备物资资源，并加强对各类资金使用的绩效考核机制，以此提高治理效率。润滑各行政区合作，减少资源配置的“集体行动困境”，提高相应的资源供应能力。同时，加强省级统筹，适当地上移支出责任，由地方更高一级政府承担生态环境风险防治费用。另外，根据各地生态环境治理的财政需求，完善转移支付制度，尤其是对承担重要生态功能、提供优质生态产品地区加大转移支付力度。

二　健全跨域生态环境风险全过程治理企业责任体系

通过落实源头治理责任、强化政策激励与引导、推进信息公开等措施，有效把控跨域污染、增强企业治理水平、强化企业自我约束意识，形成较为完善的跨域生态环境风险全过程治理企业责任

体系。

（一）落实源头治理责任，有效把控跨域污染

落实重大项目的环评制度，行政交界区重大项目的环评需要行政交界区各地政府协同参与，防范“外部效应”；推动环评制度与排污许可的有效衔接，做好事中和事后监督。根据区域实际情况，各行政区协同制定制度，采取动态措施，推行绿色生产和绿色消费行动。严控高能耗、高污染、高排放项目，推行生产企业梯度用水用电，通过区域一体化的补贴、税费减免和用地优惠政策，鼓励企业调整产业、提升结构，淘汰落后产能。根据生态环境承载力和生态环境需求现实状况，适当调整环境保护税率，促进生态环境保护；就农药化肥，除对生产企业征收环境保护税外，可以启动对使用企业或个人按照单位用量推行农药化肥梯度价格，降低农业污染。这样，在跨域生态环境风险全过程治理中，根据生态环境需求状况，利用价格调节机制，采取调节需求一系列措施，通过需求管制，规范企业生产，防控跨域污染，增加优质生态环境供给量，以此达到优质生态环境供需平衡。

（二）强化激励与引导，增强企业治理水平

各行政区协同利用制度规范、政策激励和违规严惩等一系列措施，培养企业在跨域生态环境风险防治中的主体能力，发挥主体作用。督促企业严格落实排污许可、环评审批和排污权交易，推动排污许可与环评制度有效衔接，通过区域一体化的补贴、税费减免等政策，增加环境保护投入，改善和加固基础设施，提高企业生态环境自净能力。发挥政策激励、规划引导和工程牵引作用，培育和壮大企业市场主体，引导和鼓励技术与模式创新，吸纳社会资金发展环保企业，推进企业参与生态环境第三方治理，增强企业服务生态环境能力，尤其是提高区域化、一体化服务能力和企业环境公共服务效率。

（三）推进信息公开，强化企业自我约束意识

健全法律法规，强化执法监督，重点排污企业应该采取一定的形

式开放，尤其是行政交界区污染企业要接受各行政区监督，接受公众和媒体现场考察。实行排污企业信息公开，构建排污企业公开信息真实性承诺制度，建立排污企业和环保企业环境信息记录，纳入征信范围和全国信用信息共享平台，严惩破坏生态环境的企业和责任人，增强企业主体的环保意识，倒逼治理能力和行为能力的提升。

三　完善跨域生态环境风险全过程治理全民行动体系

民众是生态环境治理的关键，应采取措施，完善跨域生态环境风险全过程治理全民行动体系。通过培育人民社会、强化政策引领、鼓励公众以社团形式参与环境保护，提高社会全过程参与能力、培养公众绿色理念与绿色行为、提高组织化程度。

（一）培育人民社会，提高社会全过程参与能力

中国学者创新性提出人民社会，与西方公民社会相比更符合中国实际，具有较大的优越性，强调坚持走群众路线，人民共同参与，不断改善民生。生态环境是最大的民生，需要社会的广泛参与，避免跨域邻避冲突等事件的发生。通过制定政策，创新社会机制，培育、发展、规范跨域生态环境风险全过程治理社会组织，发挥人民群众的主观能动性。在跨域生态环境风险全过程治理中通过畅通举报热线、信访等环保监督渠道，推行民主监督、社会反馈，曝光生态环境事件、环境违法行为以及其他环境信息，扩大社会公众参与渠道，提升参与能力，促进社会公众参与生态环境的计划、决策、执行、监督、评估等全过程，在参与中提高其能力，通过提高能力实现提升治理效能的目标。

（二）强化政策引领，培养公众绿色理念与绿色行为

各行政区从高层着手，利用法律法规、乡规民约、道德舆论、宣传教育等方式，协同多元社会力量，将理念和价值贯穿生态环境治理的全社会、全方位和全过程，激励、宣传与弘扬绿色发展理念，营造良好的绿色生态氛围，提升生态环境理念与价值塑造能力。制定一系列政策，通过政策引领理念、价值塑造，将理念、价值转化为实践，以政府绿色采购方式倡导绿色消费，以“必修课

程”形式让生态保护和生态文明建设进教材、进头脑，以广播、电视、书报、期刊、电影、文化演出、展览会、报告会等渠道向公众传播生态环境保护深远意义。调整居民生活用电梯度电价和生活用水梯度水价，积极开展垃圾分类，实行生活垃圾梯度收费，践行绿色低碳生活方式，推进绿色家庭、绿色学校、绿色社区、绿色出行等行动，引导公众转变思维方式，形成绿色价值共识，培养生态化的生产生活方式和行为模式。

（三）鼓励公众以社团形式参与环境保护，提高组织化程度

通过完善制度，鼓励社会建立更多的环保组织，通过组织吸纳更多公众参与；鼓励各类群团组织、行业协会、新闻媒体等参与环境保护，强化行业自律，推动其成员参与生态环境保护。组织公众参与社区组织、社会组织尤其是生态环境保护组织，通过组织表达利益诉求，提高参与生态环境风险规划、决策、监督等过程的能力，实现环境保护“全民皆兵”、时空一体化。

第二节　健全跨域生态环境风险全过程治理手段体系

以市场为导向、依法治理为原则，大力推进改革，健全生态环境风险督察监管体系、市场治理体系、社区治理体系、科技治理体系，多管齐下推动跨域生态环境风险防范，促进全过程治理，提高治理能力。

一　构筑公共部门跨域生态环境风险全过程综合治理体系

（一）构筑生态行政合作机制，提高跨域生态环境风险全过程管制能力

生态行政是指秉承生态效益优先的行政理念，依照相关法律制度，保证生态安全、维持生态平衡、提高生态效益，促进人与自然和谐、协调、可持续发展的行政行为。据此，应通过规范制度，完

善考核机制，加大行政交界区产业结构协同调整力度，开展环保科技合作，构建智慧环保新业态，改变“唯经济”考核标准，矫正各地政府价值取向，树立“生态优先”而非“经济优先”的生态行政理念和意识，对跨行政区生态环境风险实行预警预报、监测执法、应急启动、信息共享等过程管理，实现区域生态环境风险防范目标。各地政府协同对主要官员采取跨域生态环境污染就任离任审查、环保绩效考核责任追究等生态行政制约机制，强化政府公务人员的环保责任意识、整体性和全局性意识，提升生态环境治理能力和业务素质水平。

（二）建立和完善跨领域、跨区域、跨部门综合联动执法制度

推动行政执法与刑事司法衔接，完善和落实各行政区的行政执法机关与公安机关、检察机关、法院之间的信息共享、案情通报、案件移送等制度，加强立法、执法、司法的无缝对接，实现联合立法、协同执法、统一司法，提高区域生态环境法治化能力。改革生态环境检察模式，推进生态环境检察工作延伸到民事、刑事和行政检察等各个环节。建立健全跨行政区专门环境审判机构，建立跨行政区的流动法庭，对跨行政区生态环境识别预警、监测执法、应急响应、修复赔偿过程管理不到位的行政区，要启动追责制度，推动各行政区开展深度合作，遏制跨域生态环境风险。

（三）完善跨域生态环境保护督察制度

发挥中央政府的统筹协调、引导、考核效能，积极配合中央生态环境督察，在省一级建立常态化生态环境督察组，协同推进中央环保督察和地方政府督察。中央生态环境督察要加大对跨省级行政区的生态环境督察力度，提高府际合作意愿与风险防范能力，对落实中央环保政策不力、把负外部效应转嫁给其他地区承担并造成区域污染的省级行政区要加大问责、追责力度，并扩大对此类省（区、市）的督察范围。省级行政区应该设立多个督察室，分片区统一行使省域内环保督察，开展例行性督察和专项督察，强化风险防范意识，通过强化生态环境风险排查督察，达到压实责任、降低

生态环境风险事件的目的。

二　健全跨区域市场调节体系

各行政区加强协同合作，培育生态环境市场主体，构建跨域统一开放大市场，发挥市场在跨域生态环境治理中的基础性作用，以健全跨区域市场调节体系，提高市场在跨域生态环境治理中的效能。

（一）培育生态环境市场主体

各地政府创造条件，引导国企、民企、外企、集体、个人、社会组织等各方面资金投入环保领域，培育一批生态环境治理企业。各行政区以财政资金为主，联合设立区域环保基金，发挥资金的杠杆作用，支持和引导更多资金投入生态环境治理企业。各行政区给予税费减免，加大预算内投资支持力度，鼓励相关大型企业参与生态环境治理，培育一批专业化骨干企业；同时强化金融支持力度，解决资金瓶颈问题，促进中小环境治理企业快速成长，扶持一批专特优精中小企业。鼓励和支持生态环境治理企业加强自主创新，突破跨域生态环境风险全过程治理中关键技术产品瓶颈，提高环保产业技术装备水平和生态环境治理能力。

（二）构建跨域统一开放大市场

各行政区加强合作，打破行政壁垒、加强引导监督、搭建桥梁，平等对待各地各类市场主体，规范市场秩序，减少恶性竞争，形成有序的公平竞争的生态环境治理市场环境。通过构筑区域性的生态环境服务平台，建立健全各行政区生态环境治理企业档案库和排污企业业务需求库，形成业务供求超市，便于引导各行政区的各类资本有效参与生态环境治理投资、建设和运行。大力推行线上服务，通过数字化促进区域市场一体化，构建跨域一体化生态环境市场化治理新格局。建立健全跨行政区排污权交易市场和排污权交易制度，成立跨域排污权管理中心，制定一系列技术规范和管理制度，实现排污权权属明确、确权形式规范、核算方法一致，并借力“互联网+”，健全跨域排污权交易网络，促进跨流域、跨区域依法量化和交易便捷化，防止交易中的行政壁垒，以市场化手段推进生态治理、产业转型。

（三）发挥市场在跨域生态环境风险全过程治理中的基础性作用

在跨域生态环境风险全过程治理中，注重发挥市场在资源配置中的基础性和决定性作用，促进资源和要素跨行政区顺畅流动和配置。继续深化资源性产品价格改革与环境税费改革，完善资源有偿使用和生态补偿制度，以反映市场供求和资源稀缺程度，体现生态价值和代际与区域补偿关系，并据此公平配置、定价和交易生态产品和生态服务，有效激发市场活力。大力推行环境污染第三方治理，建立健全“污染者付费+第三方治理”等机制，发挥市场的决定性作用，各行政区政府应积极开展跨域合作和引导，在生态环境部门的支持下，各省级环保产业协会开展协同联动，强化行业自律，推行跨域一站式服务，破解第三方治理的各种难题；建立跨域环境污染第三方治理企业信用评级制度，根据信用评级授予其相应资质，作为排污者选择的重要依据；建立信用档案，构建失信治污企业强制退出机制和排污企业严格惩罚机制，维护公平公正的环境污染第三方治理市场环境。为防止出现跨域生态环境风险全过程治理的“囚徒困境”，各级政府加强协同联动，有效发挥市场作用，将行政交界区水资源、空气与土壤防治以及流域生态保护等公开招标委托给第三方，并评估确定各行政区政府、企业承担的治理费用，以提高区域治理效能（贾先文和李周，2023）。

三　重塑社区治理体系

充分利用社区网络机制、声誉机制、信任机制等民间机制约束居民行为，激发草根活力，利用“生态环境就在身边”以及社区、居民长期与生态环境相处的优势，从源头着手，解决信息不对称问题，降低信息成本、执行成本和监督成本，化解或缓解“集体行动困境”。政府和社区应通过正式制度和非正式约定，发挥草根在社区环境保护中的作用，激发治理活力。通过管控好每一个社区生态环境风险，从而达到治理整个国家生态环境风险的目的。

（一）健全社区网络机制，推进生态环境网格化监管

开展社区网格化监管，落实网格长与网格人员责任，利用社区、居民全面排查社区内各类生态环境风险隐患，强化对社区内重点企业生态环境风险监管，加强对化学物品、含有放射性等危险物质以及河湖和农村各类污染管控，及时准确地向相关部门提供社区生态环境第一手信息，制止社区内各类生态环境违法行为发生，有利于降低搜索信息成本，一定程度上解决信息不对称问题，严防社区内外生态环境的破坏，保护社区生态环境。同时，因任何行为都离不开网络，任何主体都被嵌入在一个社会网络结构中。充分挖掘社区内传统血缘、地缘和业缘社会资本，培育现代新型社会资本，推进社区组织和成员在本社区内通过网络进行互利性合作，实现步调一致，减少社区内摩擦，促进生态环境网格化监管目标的实现。另外，发动和利用社区、居民所联系的网络关系，形成新的社区外网络，编制一张更大的、为社区生态环境服务的开放性网络，以便更大范围优化配置资源，获取更多的信息和资源，推动更大范围、更多人员参与社区生态环境网格化防治。

（二）强化社区道德舆论机制和声誉机制，守住一方水土

道德原则、行为规范是评判、监督社区成员的标准，声誉机制强化了道德舆论的作用，调节着社区居民的行为决策，使居民保持着有限的理性。为此，除政府通过颁布制度，明确社区居民在生态环境保护中的权利与责任、对居民生态环境受到威胁或损害的救济办法做出规定外，社区尤其是农村社区应通过制定乡规民约，对生态环境生活污染、生产污染和社区种养业污染等问题做出约定，明确社区居民的行为规范。一般而言，鉴于道德舆论和自身的声誉，社区居民会按照行为规范而为。社区居民一旦有“违规”行为，居民会通过既有行为规范和标准开展舆论，并招致众人的批评、指责，产生直接或间接损失，使利益既得者被团体边缘化，对背叛者进行惩罚，让背叛者无法享受某些“免费搭车”的非集体性物品。社区通过道德舆论机制和声誉机制，实行自我管理、自我服务，降

低执行成本和监督成本，成为社区环境保护的重要力量，促进社区合作，减少了交易成本，有效地遏制逆向选择和道德风险的发生。

（三）重拾社区信任与规范机制，协同打造社区优质生态环境

信任是一切行动得以进行的基础，而信任需要规范来保证，规范能促进信任产生。针对近些年社区信任和规范的流失或弱化，应采取激励措施和加强对社区及其居民的教育，并利用社区“熟人社会”与社会资本，重拾社区信任和规范，规范约束居民绿色生产和绿色生活行为，促成社区居民信守合约、真诚合作，解决个体理性与集体理性矛盾，化解“囚徒困境”“公用地的悲剧”“集体行动逻辑”问题，并配合政府执行生态环境政策，降低交易成本，遏制机会主义，实现共同的社区生态环境建设愿景。

四　完善跨域生态环境风险全过程治理科技体系

生态文明建设纵深推进，出现了各类不同的技术性难题和挑战。为进一步提高跨域生态环境风险全过程治理效果，必须依靠科技，将科技嵌入跨域生态环境风险防治的每一个环节，实现生态环境保护与科技的深度融合，从制度层面加强扶持，构建跨域生态环境风险全过程治理科技支撑体系，发挥科技的支撑作用。

（一）加大科学研究力度，突破关键技术“瓶颈”

加大生态环境风险领域前沿性、关键性重大专项研究力度，建立一批国家实验室等重大科技平台，支持一批重大生态环境保护科研项目。聚焦节能减排降耗、生态修复、污染形成机理等领域，加强对PM2.5和臭氧治理技术、流域水环境治理与生态修复技术、地表水溶解氧治理技术、地下水保护技术、矿山生态环境保护与污染防治技术等一系列热点难点和关键共性技术开展基础性、战略性、创新性研究，提升科学、精准污染治理水平。

（二）将科技嵌入跨域治理全过程，提高全过程防治技术

跨域生态环境风险应以事前预防为主，加强对污染形成机制的科技分析，加快对新技术的检验检测认证体系建设，利用数据监控、智能预测等科技手段对跨域生态环境风险进行精准预警，利用

大数据、云计算、互联网技术实现精准执法与动态监测，通过在线监控、视频监控、无人机巡查、大数据分析等科技手段开展常规性非现场检查。各行政区利用科技手段，对生态环境风险事件开展及时响应、治理和修复，开展全寿命周期的能效与环境影响评估，加大对生态环境风险治理状况的科技评估，运用互联网、大数据、人工智能等信息科技辅助生态环境案件审判，确保审判精准，以维护公平与正义。

（三）强化财政补贴、减税措施，培育科技产业

除通过项目形式支持生态环境保护关键科学技术研究外，还应出台财政补贴、税收减免等政策，扶持环保科技产业发展，支持环境治理企业的关键技术自主创新，为生态环境科技成果转化搭建和完善综合服务平台，积极推广先进适用环境治理技术。采取各类政策措施支持生态环境保护企业发展，提高环保企业市场竞争力，培育一批专业化龙头企业、骨干企业，推广生态环境第三方治理，推动生态环境治理向专业化、产业化和市场化发展。

第三节　打造现代化跨域生态环境风险全过程治理能力体系

聚焦治理现代化，按照跨域生态环境风险全过程治理的流程，构建从事前预防、事中治理和事后恢复的一系列的现代治理能力体系，提高跨域生态环境风险全过程治理效率。

一　健全跨域生态环境风险预防预警能力体系

前移生态环境风险治理关口，加强跨域生态环境风险预防预警能力体系建设，是防范风险发生最经济最有效的措施。应从风险源管控、风险评估、风险监测预警、基础设施等能力体系方面加强和完善跨域生态环境风险预防预警能力体系建设。

（一）建立健全跨域生态环境风险源管控能力体系

制定跨行政区生态环境风险治理规划，加强跨域合作，构建跨行政区生态环境风险源管控联动能力，尤其是风险源的分类、识别、监控能力。一是风险源的分类能力，能综合考虑各地环境治理需求、受体状况及主要危害物质的类别，加强对风险源的分类。二是风险源的识别能力，能利用高科技手段，准确识别风险源，确定其危害因素，根据风险源场所和区域制定具体有效可操作性的防控制度。三是风险源的管控能力，建立和完善风险源库，包括风险源名称、危害程度、防控要求；制定风险清单，建立生态环境风险源台账；更新风险源信息库，尤其是加强对新增风险源、危害性变化及其制度的更新，加强对其管理。四是对可能受风险源影响受体的保护能力，加强对风险源相关受体的调查，制定保护措施，掌握风险源对受体可能造成的影响，采取不同的措施管控风险源，尽最大可能保护好受体。

（二）建立健全跨域生态环境风险评估能力体系

生态环境风险评估包括事前风险评估和事后治理评估，在此主要分析事前风险评估，尤其是按照一定的标准、利用一定的评估方法和技术对跨域重点行业、跨区域或流域环境健康风险和重大项目环境风险进行评估的能力。按照生态环境风险评估流程，完善一系列制度，构建相应的能力体系。一是强化国内外生态环境风险评价方法、模型和框架掌握与运用能力，能有针对性地选择合适的评估方法和模型，对需要评估的环境风险进行评估。二是强化评估资料信息的收集能力，全面掌握生态环境风险源、风险受体、重点区域和项目情况、已有的风险防控能力和应急能力等信息。三是强化生态环境风险识别能力，尤其是生态环境风险源识别、受体易损性识别、重点区域和重点项目的风险识别等能力。四是强化生态环境风险分析能力，能建立模型，根据环境风险源的危害性、风险受体易损性、已有的风险防控能力和应急能力（包括已有跨区域规划、应急队伍建设、物资与装备能力）等，对水、大气、土壤、综合环境风险指数进行计算，按照风险源暴露强度与暴露途径完成暴露表征，并对暴露状况进行分析后，估计可能产生的生态效应表征。五是强化综合评价能力，亦即通过对暴露表征和生态效应表征结果综合分析评估风险大小。

（三）建立健全跨域生态环境风险监测预警能力体系

打破区域、部门、功能壁垒和界限，构建天地一体、上下协同、信息共享的跨域生态环境风险协同监测预警能力。利用互联网、大数据和云计算等技术构建跨域生态环境监测网络，推动区域、部门、群体的横向联动和纵向协同，整合多部门监测渠道，实现污染源、生态状况、环境质量监测全覆盖，并通过建立跨域生态环境质量监测长效机制，完善生态环境监测技术体系，形成系统化体系化监测预警能力，提高监测信息化、自动化、标准化、一体化水平，增强检测的敏感度与准确度。同时，依托云计算、人工智能、大数据监控、智能预测等手段构建预警平台和智慧化预警多点触发机制，实现从人工监管向智能监管、从局部监管向整体化监管、从平面监管向立体监管的转变，提高污染预警精准度，提升生态环境风险预警能力。发挥基层组织和人员“第一线”作用，通过强化基层组织和人员的知识储备与培训演练，提升信息及时反馈和先期预测预警能力。

（四）建立健全跨域生态环境风险保护基础设施能力体系

加强行政区之间合作，通过一系列工程建设，增强跨域生态环境风险保护基础设施能力，是有效防范跨域生态环境风险发生的重要保障。一是强化城镇生活污水处理设施和污泥处置设施建设工程、乡镇污水处理设施建设工程，尤其是农村生活污水处理设施建设工程，完善城镇、农村生活垃圾处理设施建设工程，提升生活污水废弃物集中处理能力。二是加强工业污水集中处理设施工程、工业固体废弃物资源综合利用设施工程、畜禽粪污等农业面源污染防治设施工程、医疗废弃物处置设施工程、危险废弃物集中无害化处置设施工程等项目建设，增强对生产污水废弃物和特殊固体废弃物处理能力。三是加强生态环境信息化基础设施建设，完善线上监测基础设施，建立健全跨域生态环境风险信息共享平台，为提高环境监测预警能力提供保障。需要强调的是，为完善跨行政区基础设施，提升治理能力，应将相关生态环境基础设施建设纳入党中央所提出的新型基础设施建设的重要内容。

二　完善跨域生态环境风险响应处置能力体系

生态环境风险防范一旦“失守”，出现环境风险因子释放，相近各行政区就应打破行政壁垒，实现跨区域、跨部门、跨功能合作，推动一体化或集成式管理模式，构建跨域响应处置能力体系，提高快速响应处置能力。

（一）提升环境风险因子应急监测和事件报告能力

运用技术设备监测污染物，准确掌握事件发生的时间、地点、主要污染物以及污染物扩散速度、受体情况、地域特点，确定污染物的扩散范围或区域，分析、预测和报告污染变化趋势及产生的后果，确认风险事件及其应急等级，提高跨域应急决策能力和精准水平。

（二）增强迅速响应能力

建立统一指挥、专常兼备、反应灵敏、横向合作、上下联动的应急体制，平时开展经常性的培训演练，生态环境事件发生后能根据环境风险因子监测和分析报告情况，果断决策，启动应急预案，根据跨域制度或跨行政区之间协议，按照跨域生态环境风险响应的流程迅速反应，结合风险状况，合作制定具体措施，调动全社会力量积极应对，提高生态环境风险因子释放后的跨域政府快速反应处置能力和公众与社会组织的自救、互救能力。

（三）提高各行政区协同配置资源的能力

资源跨域调配的速度和能力对降低生态环境风险影响的范围和程度具有重要作用，充分利用协同机构，按照集中管理、统一调拨、就近配送原则，迅速调配救援队伍和物资资源，确保对突发生态环境污染快速反应、有效处置，控制泄漏和清除污染物，开展应急救援，最大限度保护受体。

（四）加强掌控舆情的能力

生态环境相关舆情是生态环境风险事件的衍生品和升级品，必将引起社会高度关注，处理不当不仅影响污染事件应急响应处置，而且很可能影响社会安全稳定。应强化舆论引导能力，牢牢掌握舆论引导主动权和主导权，及时向社会通报生态环境信息，主动回应社会关切，加强对公众号、微博、微信、QQ、音视频网站等平台监管，打击虚假信息，避免因生态环境事件引起社会恐慌和引发社会不稳定、不安全事件发生。

三　改进跨域生态环境风险评估修复能力体系

此处的跨域生态环境风险评估修复能力是指生态环境风险发生、生态环境遭到破坏、生态系统受损和进行应急处置治理后，对生态环境状况进行评估，采取一定的措施，将生态系统修复到某一参照状态的能力。应该强化以下几个方面的能力。

（一）加强跨域生态环境风险事件评估能力

跨域生态环境风险事件得到处置和治理后，跨行政区协调机构能精确评估生态环境风险所造成的人身损害、财产损失、生态环境损害、应急处置费用及其他可确定的损失，核定污染物排放量、污染物迁移扩散及在生态环境中的留存、风险发生前后生态环境质量变化状况，评价应急处置和治理效果以及潜在生态环境风险等，厘清和评价各行政区的权责，明确责任方、受影响方，完善覆盖地区、产业与群体等多层面的生态环境补偿机制，推进补偿机制的规范化、市场化和多元化，实现利益由责任方向受影响方、由获益者向损失方转移。

（二）提升筹措生态修复资金的能力

无论是依靠大自然自我修复，还是采取人工措施，抑或两者的结合，生态修复耗时长、任务重、资金量大，需要具备大量的、持续的资金投入能力。应多元化多渠道筹措资金，建立和完善财政资金引导和杠杆作用，构筑市场化运作、社会资本参与的可持续生态修复资金长效投入机制，增强生态修复资金的造血功能和供给能力。

（三）统筹生态修复与生计改善的能力

任何区域均不能因生态修复影响当地居民正常的生产与生活，也不能等生态修复完后再考虑安排居民生计，而是要将生态修复和后续产业发展与资源再利用兼顾起来，强化统筹生态与生计的能力，才能实现人与自然长期和谐。选择合适的生态修复模式，根据生态环境评估结果，按照不同的生态风险状况，考虑居民的产业历史，对生态环境风险相关产业采取关闭取缔、整合重组、治理修复、规范管控等措施，引领居民发展绿色产业，实现环境治理与文化、旅游、养老、种植等产业融合发展，促进产业兴旺与生态优美和谐统一，实行资源综合修复利用，激发了市场、社会参与，增强修复治理统筹推进的合力。

（四）强化山水林田湖草沙的系统修复能力

生态环境是一个系统，不能孤立开展修复，按照综合性治理、整体性保护、系统性修复原则，发挥协调机构的作用，促进跨区域、跨部门、跨功能协同合作，推进综合性生态环境修复基础设施工程建设，提高山水林田湖草沙系统修复能力，推动水下岸上、山头草坪、湖泊田地等协同一致的行动，发挥各地、各部门和各被损害或污染的受体合力，提高生态修复效果。

第四节　完善跨域生态环境风险全过程治理法律法规政策体系

习近平总书记多次强调要“用最严格制度最严密法治保护生态环境”（习近平，2019）。落实跨越时空与领域的生态环境风险管控机制，需制定一套非常规性的超越行政边界、强化区域协作与整体化思维的跨域生态环境风险全过程治理法律法规政策体系，将全过程管理植入跨域治理中，为打破行政壁垒，协调各方行动，有效治理跨域生态环境风险，促进全过程治理，提供政策保障。

一　建立和健全跨域生态环境风险全过程治理法律法规体系

完善跨域生态环境风险全过程治理法律法规，构建以环境保护法为基本法、以区域协同法为单行法的法律法规体系。健全以《中华人民共和国环境保护法》为基本法，将跨域生态环境风险协同防治思想纳入其中，强化过程协同，规定各行政区合作基本原则、机制和框架。制定专门“跨域生态环境风险防治法”为其专业防治法律，构建全国普遍适用的跨域生态环境风险全过程治理框架性合作政策，对跨域生态环境风险合作管理机构、实施方案、权责，以及监测预警—响应治理—修复补偿过程等作出总体性、概括性和动态性规定，统筹并明确环保、农林牧副渔及海洋等部门在环境保护和生态防治的联动职能，建立“海陆空”联合监管执法制度，实现跨域生态环境执法、司法和监督一体化，完善多部门、多层级、全过程的环境风险评估制度、预警制度以及技术体系，并鼓励各省（区、市）据此签订多边合作管理协议，根据不同地域现实状况增补相关条款，提高各个区域灵活应对能力。在《中华人民共和国农业法》《中华人民共和国森林法》《中华人民共和国水法》《中华人民共和国草原法》等法律中体现跨域生态环境风险防范思想，将区域风险防范引入大气、水、土壤保护中。

实行各个行政区和整个区域并行的跨域生态环境法治原则，各行政区充分利用宪法、环境保护基本法以及生态环境相关法律法规管控行政区生态环境风险的同时，建立现代区域法治框架和理念，实现从行政区域法治到区域共同体治理的发展，实现综合治理立法和法治化。根据中共中央办公厅、国务院办公厅《关于构建现代环境治理体系的指导意见》中“鼓励有条件的地方在环境治理领域先于国家进行立法”的规定，允许行政区开展创新型生态环境立法，赋予跨行政区协调机构立法权，规定跨行政区协调机构颁布的法律法规，经上一级行政区人大备案通过后生效；地方政府间根据跨域协同治理需要所签订的合作契约，经各行政区人大联合通过后具备法律效力，以此确保跨行政区生态环境风险治理有法可依，增强合作治理的有效性与有序性。

二　加强和规范跨域生态环境风险全过程治理财税金融政策体系

（一）加强和规范财税政策

加大跨域生态环境风险全过程治理的财政投入力度，完善财政投入保障机制，明确生态文明建设财政投入年度增长强度和在GDP中的占比增长速度，加强和规范区域性资金分摊责任体系，中央财政资金重点投入到全国性流域、跨地域生态环境治理中，省级财政资金重点解决省内跨区域、外溢性强的生态环境问题。规范污染防治财政专项转移支付机制，支持重点生态功能区生态保护与绿色发展，加大补偿力度，探索覆盖范围广、补偿方式多元化的生态补偿机制，进一步加强和健全中国七大流域以及其他重点流域等跨区域生态保护修复奖励政策和生态补偿政策。完善行政区之间产业布局规划，以生态环境质量改善为目标，完善区域间生态横向补偿机制，建立涵盖大气、水、生活垃圾、危险废弃物、森林、湿地等多方面多领域的综合性生态补偿机制。推进行政区之间绿色协同发展奖补政策，对区域性提标改造与深度污染治理的企业，以及对新能源、绿色生态农业、环保设备生产等绿色环保产业进行补贴。严格依法开展环保税征收，落实环境保护与污染防治的税收优惠政策，引导企业加大污染物自治力度，降低污染物排放浓度与总量。

（二）加强和规范金融政策

制定和规范政策，鼓励环保与金融融合，采取金融创新，促进金融市场与绿色产业的良性互动，促进生态治理良性发展。建立国家和地方生态环境保护基金、绿色发展基金，重点支持区域性重大污染治理与生态修复。建立跨行政区土壤污染、水污染等专项防治基金，解决区域水土污染问题。加大金融产品创新，大力开发绿色金融产品、绿色信贷以及排污权与碳排放权抵押金融产品，支持节能减排和污染治理技术改造、循环经济发展、新能源开发利用以及其他节能环保产业等发展。建立和完善生态环境污染强制责任保险制度，大力开发生态环境污染责任保险产品和服务；制定和完善环保设备融资租赁业务发展扶持政策，开拓租赁市场，发展重大环保装备融资租赁业务。

三　制定和完善跨行政区生态环境风险全过程保护标准体系

继续完善环境质量、污染物排放、环境管理规范、环境监测、环境基础等国家标准，形成涵盖生态环境风险预防预警—响应治理—评价修复等全过程的国家标准，尤其是围绕蓝天保卫战、碧水保卫战和净土保卫战制定和完善一系列有关大气、水和土地等生态环境保护标准，确保打赢三场生态环境保护战役。积极完善生态环境地方标准，做好现行生态环境标准的复审、修订和废止工作，加快制定生态产业标准、绿色制造标准、绿色消费标准等生产生活性环境标准，推进环境治理的绿色认证制度，促进高质量发展。因地制宜地制定区域生态环境保护标准，实现区域“标准一体化”，探索重点区域和重点流域实施污染物排放限值。跨域各行政区根据自己生态环境风险源、重点风险领域和重点地域等实况制定环境保护标准。如果有国家标准作为参照，则按照不低于国家标准的要求制定区域特色性跨行政区区域生态环境保护标准。鼓励地方先行，制定没有国家标准的区域性生态环境保护标准，填补国家标准空白，并通过生态环境部备案成为区域性生态环境标准。鼓励生态环境保护相关行业协会与龙头企业制定企业标准或团体标准，加快制定污染企业全过程管理规范。

第五节　研究结论

跨域生态环境风险全过程治理是生态环境治理体系与治理能力现代化的重要组成部分，实现跨域生态环境风险全过程治理、保障其机制有效运转，需要构建现代制度体系。而跨域生态环境风险全过程治理制度体系是一个有机的整体，其协同效应的发挥至关重要。本章将生态环境治理的跨域性与全过程管理融入政策制度，提出构建跨域生态环境风险全过程治理主体体系、治理手段体系、治理能力体系、治理政策体系等。形成党委领导、政府主导、企业主体、社会组织和公众共同参与的治理主体制度体系；以市场为导向、依法治理为原则，健全生态环境风险督察监管、市场治理、社区治理和科技治理等多管齐下的跨域生态环境风险防治制度体系；构建跨域生态环境事前预防、事中治理和事后恢复的一系列提升现代治理能力的制度体系；制定一套非常规性的超越行政边界、强化区域协作与整体化思维的跨域生态环境风险治理法律法规政策体系。通过这四种制度体系保障和有效运行，形成源头预防、过程控制、后果分担的跨域生态环境风险全过程治理格局，提高行政交界区生态环境效能，促进区域生态美好，有力推动生态文明建设和美丽中国建设。

第七章 结论与展望

第一节　研究结论

本书分析了跨域生态环境风险全过程治理机理，从时间维度构建跨域生态环境风险全过程治理运行机制模型，从空间维度探究跨域生态环境风险全过程治理实现机制，并从制度维度提出相关制度体系框架，以构筑跨越时空与领域生态环境风险全过程治理机制，并提供制度保障。通过研究，我们可以得出以下结论。

第一，跨域生态环境风险的特性与治理困境倒逼跨域全过程治理。中国跨域生态环境风险具有跨域性、脆弱性、多发性、突发性、扩散性、衍生性与治理碎片化等多种特性。这些特性与治理困境，加之长期轻事前防范、重事后响应与补救，致使环境风险防不胜防，加大了跨域生态环境风险发生概率和危害程度，造成优质生态环境供求矛盾、治理碎片化与生态环境整体性悖论、生态环境脆弱性与区域应对能力不匹配、生态环境扩散性和衍生性与传统应急体制抵牾，由此倒逼跨域生态环境风险全过程治理。

第二，构建跨域生态环境风险全过程闭环管理机制，从时间维度推动全天候全过程治理。跨域生态环境风险全过程治理是一个完整的动态系统，需要实行系统化全过程动态治理。应借鉴国内外闭环管理运作机制模型及其运作经验，探索中国跨域生态环境风险全过程治理机制模型，构建一个首尾衔接、环环相扣的完整闭环管理机制，实行系统化治理，促进整体的闭环全过程治理，推动循环上升的动态过程治理，防止跨域生态环境风险全过程治理的“缝隙”与“真空”，实现“无缝管理”，防止“断点”阻断目标实现。

第三，构建跨域生态环境风险全过程治理实现机制，从空间维度推动跨域生态环境风险全过程治理。为克服生态环境治理中政府单一治理的弊端，应构建政府、私人部门、第三部门、居民等多中心治理网络，构建多中心、多手段的整体性协同运作机制，将多中心、多手段的整体性协同运作机制贯穿在全过程治理中，促进跨域生态环境风险全过程治理主体系统的各子系统相互支持、密切配合、各尽所能，增强治理的整体性、有效性；为破除“屏障效应”“囚徒困境”，须利用中国强大的制度优势，加强顶层设计，将跨域治理与全过程治理有机结合，构建跨域生态环境风险全过程治理机制，推动各个行政区加强协同合作，实现整体化治理。

第四，跨域生态环境风险全过程治理机制的实现最终需要制度体系提供保障。从制度维度构建跨域生态环境风险全过程治理制度体系框架，促进治理机制落到实处。将生态环境治理的跨域性与全过程管理植入政策制度中，统筹山水林田湖草沙，紧扣现代化主题，构建涵盖治理主体体系、治理手段体系、治理能力体系和治理政策体系的现代化跨域生态环境风险全过程治理制度体系框架，形成源头预防、过程控制、后果分担的跨域生态环境风险全过程治理的经济、政治和社会等多方面多系统的制度供给保障体系，推进跨域生态环境风险全过程治理法治化、制度化，提高治理效能。

第二节　研究展望

跨域生态环境风险治理是一个世界性的热点话题，也是一个难以解决又亟待解决的课题，需要开展长期的理论研究和实践探索，以不断改进治理效果。本书虽然就跨域生态环境风险全过程治理开展了大量的研究，提出了治理机制，但仍然存在不足，需要继续开展创新型研究。未来的研究主要集中在以下几个方面。

第一，围绕跨域生态环境风险治理特点和困境，研究如何进一步促进跨行政区的融合，建立跨域生态环境风险全过程治理共同体，实现全流域治理和全生命周期管控，以落实治理的“最后一公里”问题。

第二，围绕治理体系与治理能力现代化，研究如何有效利用中国强大的制度优势，构建体制机制，实现跨域生态环境风险全过程治理体系与治理能力现代化。

第三，围绕和谐发展与碳排放达峰，研究如何通过跨域合作和全过程治理，强化防范与治理结合，培育全社会绿色发展理念，推动生态优先、绿色发展，以生态环境高水平保护促进高质量发展，完善体制机制，争取提前实现碳达峰与碳中和目标。

第四，围绕生态环境质量改善，研究如何坚持以人民为中心，进一步推动跨域生态环境源头治理、系统治理、整体治理，落实监测监管、预防预警、响应治理、修复反馈全过程治理，加强山水林田湖草沙等生态要素的协同治理，提高全员、全要素整体性治理效果，实现美丽中国建设目标，回应和满足人民日益增长的美好生态环境需求。

参考文献

一　中文文献

（一）著作

习近平：《决胜全面建成小康社会　夺取新时代中国特色社会主义伟大胜利——在中国共产党第十九次全国代表大会上的报告（2017年10月18日）》，人民出版社2017年版。

习近平：《高举中国特色社会主义伟大旗帜　为全面建设社会主义现代化国家而团结奋斗——在中国共产党第二十次全国代表大会上的报告（2022年10月16日）》，人民出版社2022年版。

［美］C·小阿瑟·威廉姆斯等：《风险管理与保险》（第八版），马从辉、刘国翰译，马从辉校，经济科学出版社2000年版。

［美］P. B. 弗斯顿伯格：《非营利机构的生财之道》，朱进宁等译，科学出版社1991年版。

［美］埃莉诺·奥斯特罗姆：《公共事物的治理之道：集体行动制度的演进》，余逊达、陈旭东译，上海三联书店2000年版。

［美］埃莉诺·奥斯特罗姆等：《公共服务的制度构建——都市警察服务的制度结构》，宋金喜、任睿译，上海三联书店2000年版。

［英］安东尼·吉登斯：《失控的世界》，周红云译，江西人民出版社2001年版。

［美］保罗·A·萨缪尔森、威廉·D·诺德豪斯：《经济学》（第12版·下），中国发展出版社1992年版。

毕军等：《区域环境风险分析和管理》，中国环境科学出版社

2006 年版。

［美］查尔斯·沃尔夫：《市场或政府——权衡两种不完善的选择/兰德公司的一项研究》，谢旭译，中国发展出版社 1994 年版。

丁烈云等：《中国转型期的社会风险及公共危机管理研究》，经济科学出版社 2012 年版。

［德］赫尔曼·哈肯：《协同学——大自然构成的奥秘》，凌复华译，上海译文出版社 2013 年版。

胡二邦主编：《环境风险评价实用技术、方法和案例》，中国环境科学出版社 2009 年版。

［美］加布里埃尔·A·阿尔蒙德、小 G·宾厄姆·鲍威尔：《比较政治学：体系、过程和政策》，曹沛霖等译，上海译文出版社 1987 年版。

蒋维、金磊编著：《中国城市综合减灾对策》，中国建筑工业出版社 1992 年版。

［匈］拉兹洛：《巨变》，杜默译，中信出版社 2002 年版。

［英］迈克尔·里杰斯特：《危机公关》，陈向祖、陈宁译，郭惠民审校，复旦大学出版社 1995 年版。

［美］曼瑟尔·奥尔森：《集体行动的逻辑》，陈郁等译，上海人民出版社 1995 年版。

王怀超主编：《沿着中国特色社会主义道路前进——深入学习研究党的十八大报告》，中共中央党校出版社 2012 年版。

［德］乌尔里希·贝克：《风险社会：新的现代性之路》，张文杰、何博闻译，译林出版社 2022 年版。

［美］詹姆斯·M. 布坎南：《自由、市场和国家》，吴良健等译，北京经济学院出版社 1988 年版。

张友：《武陵山片区经济一体化协作发展模式研究：基于跨省际边界区域视角》，民族出版社 2013 年版。

中共中央文献研究室编：《习近平关于全面建成小康社会论述摘编》，中央文献出版社 2016 年版。

（二）期刊

习近平：《推动我国生态文明建设迈上新台阶》，《求是》2019年第3期。

习近平：《坚持和完善中国特色社会主义制度推进国家治理体系和治理能力现代化》，《求是》2020年第1期。

安宇宏：《环境库兹涅茨曲线》，《宏观经济管理》2012年第11期。

毕军等：《中国环境风险预警现状及发展趋势》，《环境监控与预警》2009年第1期。

蔡嘉瑶、张建华：《财政分权与环境治理——基于“省直管县”财政改革的准自然实验研究》，《经济学动态》2018年第1期。

常亮等：《基于市场机制的流域管理PPP模式项目契约研究》，《管理评论》2017年第3期。

范冠中：《深化行政体制改革背景下社区消防闭环治理研究》，《武警学院学报》2020年第4期。

范永茂、殷玉敏：《跨界环境问题的合作治理模式选择——理论讨论和三个案例》，《公共管理学报》2016年第2期。

封梦娟等：《长江南京段水源水中抗生素的赋存特征与风险评估》，《环境科学》2019年第12期。

伏润民、缪小林：《中国生态功能区财政转移支付制度体系重构——基于拓展的能值模型衡量的生态外溢价值》，《经济研究》2015年第3期。

付丽洋、刘孅：《环境风险管理全过程机制研究》，《资源节约与环保》2014年第12期。

高宏霞等：《中国各省经济增长与环境污染关系的研究与预测——基于环境库兹涅茨曲线的实证分析》，《经济学动态》2012年第1期。

巩杰等：《基于景观格局的甘肃白龙江流域生态风险评价与管理》，《应用生态学报》2014年第7期。

郭焕庭:《国外流域水污染治理经验及对我们的启示》,《环境保护》2001 年第 8 期。

郭永龙等:《论工业建设项目的环境风险及其评价》,《地球科学》2002 年第 2 期。

郭志明:《灾害风险管理》,《武汉化工学院学报》2006 年第 5 期。

和夏冰、殷培红:《墨累—达令河流域管理体制改革及其启示》,《世界地理研究》2018 年第 5 期。

贺勤:《“四位一体”闭环管理体系的构建与实践》,《财会研究》2017 年第 10 期。

贺涛等:《基于集水区管理的湖库型饮用水水源环境风险全过程控制策略》,《环境保护》2016 年第 21 期。

胡佳:《迈向整体性治理:政府改革的整体性策略及在中国的适用性》,《南京社会科学》2010 年第 5 期。

胡显伟等:《基于模糊 Bow-tie 模型的深水海底管道定量风险评价研究》,《中国安全科学学报》2012 年第 3 期。

环境保护部大气污染防治欧洲考察团:《欧盟 $PM_{2.5}$ 控制策略和煤炭使用控制的主要做法——环境保护部大气污染防治欧洲考察报告之四》,《环境与可持续发展》2013 年第 5 期。

黄韩荣:《环境影响评价与全过程生态环境管理的策略》,《黑龙江环境通报》2024 年第 10 期。

黄锡生、林玉成:《构建环境公益行政诉讼制度的设想》,《行政法学研究》2005 年第 3 期。

贾先文:《我国流域生态环境治理制度探索与机制改良——以河长制为例》,《江淮论坛》2021 年第 1 期。

贾先文等:《生态环境风险跨界闭环管理机制构建》,《江淮论坛》2022 年第 4 期。

贾先文等:《行政交界区生态环境协同治理逻辑及效应分析》,《经济地理》2021 年第 9 期。

贾先文等：《省际交界区跨界环境风险全过程管理机制构建》，《经济地理》2018年第1期。

贾先文、李周：《北美五大湖JSP管理模式及对我国河湖流域管理的启示》，《环境保护》2020年第10期。

贾先文、李周：《流域治理研究进展与我国流域治理体系框架构建》，《水资源保护》2021年第4期。

贾先文、李周：《生态脆弱民族地区环境污染第三方治理机制创新研究——以武陵山片区为例》，《武陵学刊》2023年第5期。

贾先文、李周：《行政区交界地带环境风险防治困境及体系构建》，《湖南师范大学社会科学学报》2019年第5期。

姜贵梅等：《国际环境风险管理经验及启示》，《环境保护》2014年第8期。

蒋辉：《民族地区跨域治理之道：基于湘渝黔边区“锰三角”环境治理的实证研究》，《贵州社会科学》2012年第3期。

金刚、沈坤荣：《以邻为壑还是以邻为伴——环境规制执行互动与城市生产率增长》，《管理世界》2018年第12期。

靳明、赵昶：《绿色农产品消费意愿和消费行为分析》，《中国农村经济》2008年第5期。

雷明贵：《流域治理公众参与制度化实践：“双河长”模式——以湘江治理保护实践为例》，《环境保护》2018年第15期。

黎元生、胡熠：《流域生态环境整体性治理的路径探析——基于河长制改革的视角》，《中国特色社会主义研究》2017年第4期。

李博等：《石羊河流域植被生态系统生态风险评价研究》，《水土保持通报》2013年第1期。

李凤英等：《环境风险全过程评估与管理模式研究及应用》，《中国环境科学》2010年第6期。

李妮斯、邹思源：《用信息化打造“数智环境”成都模式》，《环境教育》2019年第11期。

李奇伟：《从科层管理到共同体治理：长江经济带流域综合管

理的模式转换与法制保障》,《吉首大学学报》(社会科学版) 2018 年第 6 期。

李胜、卢俊:《从“碎片化”困境看跨域性突发环境事件治理的目标取向》,《经济地理》2018 年第 11 期。

李贤功等:《煤矿安全风险预控与隐患闭环管理信息系统设计研究》,《中国安全科学学报》2010 年第 7 期。

李兴平:《论纵向嵌入治理机制在流域跨界水污染治理中的作用》,《生态经济》2016 年第 11 期。

李学:《不完全契约、交易费用与治理绩效——兼论公共服务市场化供给模式》,《中国行政管理》2009 年第 1 期。

李跃宇等:《基于公众健康的大气环境风险源定量分级方法》,《环境科学研究》2012 年第 1 期。

李贞刚等:《基于 PDCA 模式的质量保障体系构建》,《高教发展与评估》2018 年第 2 期。

刘晨宇等:《生态风险评价方法与应用研究进展》,《科技管理研究》2020 年第 2 期。

刘成斌、黄宁:《风险社会的新向度:新冠肺炎疫情的理论透视》,《吉林大学社会科学学报》2020 年第 6 期。

刘建伟、许晴:《中国生态环境治理现代化研究:问题与展望》,《电子科技大学学报》(社科版) 2021 年第 5 期。

刘军会等:《中国生态环境脆弱区范围界定》,《生物多样性》2015 年第 6 期。

刘俊勇:《对新时期流域管理机构重新定位的思考》,《人民珠江》2013 年第 4 期。

刘智勇等:《省际跨域生态环境协同治理实践及路径研究》,《东岳论丛》2022 年第 11 期。

柳环文:《柳州:“帮企减污”推动全市高质量发展》,《中国环境监察》2020 年第 7 期。

卢全中等:《地质灾害风险评估(价)研究综述》,《灾害学》

2003年第4期。

马学广等：《从行政分权到跨域治理：我国地方政府治理方式变革研究》，《地理与地理信息科学》2008年第1期。

毛剑英等：《探索区域环境风险管理制度推进高效环境风险管理体系建设》，《环境保护》2011年第22期。

毛小苓等：《面向社区的全过程风险管理模型的理论和应用》，《自然灾害学报》2006年第1期。

梅锦山等：《河西走廊生态保护战略研究》，《水资源保护》2014年第5期。

潘华、周小凤：《长江流域横向生态补偿准市场化路径研究——基于国土治理与产权视角》，《生态经济》2018年第9期。

潘文文、胡广伟：《电子政务工程项目绩效评估方法研究：闭环管理的视角》，《电子政务》2017年第9期。

任敏：《“河长制”：一个中国政府流域治理跨部门协同的样本研究》，《北京行政学院学报》2015年第3期。

仇蕾等：《流域生态系统的预警管理框架研究》，《软科学》2005年第1期。

［日］速水佑次郎等：《社区、市场与国家》，《经济研究》1989年第2期。

邵超峰、鞠美庭：《环境风险全过程管理机制研究》，《环境污染与防治》2011年第10期。

沈满洪：《河长制的制度经济学分析》，《中国人口·资源与环境》2018年第1期。

沈新平等：《基于生态系统水平的洞庭湖生态风险评价》，《长江流域资源与环境》2015年第3期。

沈子华：《论我国跨界环境污染纠纷行政调处的适用机制》，《华北电力大学学报》（社会科学版）2017年第6期。

司林波等：《跨域生态环境协同治理困境成因及路径选择》，《生态经济》2018年第1期。

宋永会等:《突发环境事件风险源识别与监控技术创新进展——(Ⅱ)环境风险源监控技术与案例》,《环境工程技术学报》2015 年第 5 期。

孙燕铭等:《长三角城市群绿色技术创新的时空格局及驱动因素研究》,《江淮论坛》2021 年第 1 期。

孙迎春:《现代政府治理新趋势:整体政府跨界协同治理》,《中国发展观察》2014 年第 9 期。

滕敏敏等:《中国区域环境风险全过程智慧控制系统顶层设计》,《管理现代化》2015 年第 5 期。

田玉麒、陈果:《跨域生态环境协同治理:何以可能与何以可为》,《上海行政学院学报》2020 年第 2 期。

童星、张海波:《基于中国问题的灾害管理分析框架》,《中国社会科学》2010 年第 1 期。

汪疆玮、蒙吉军:《漓江流域干旱与洪涝灾害生态风险评价与管理》,《热带地理》2014 年第 3 期。

汪伟全:《空气污染的跨域合作治理研究——以北京地区为例》,《公共管理学报》2014 年第 1 期。

王芳:《冲突与合作:跨界环境风险治理的难题与对策——以长三角地区为例》,《中国地质大学学报》(社会科学版) 2014 年第 5 期。

王海燕等:《欧盟跨界流域管理对我国水环境管理的借鉴意义》,《长江流域资源与环境》2008 年第 6 期。

王金南等:《国家环境风险防控与管理体系框架构建》,《中国环境科学》2013 年第 1 期。

王龙康等:《煤矿安全隐患动态分级闭环管理方法及应用》,《中国安全生产科学技术》2017 年第 6 期。

王洛忠、庞锐:《中国公共政策时空演进机理及扩散路径:以河长制的落地与变迁为例》,《中国行政管理》2018 年第 5 期。

王文宾等:《闭环供应链管理研究综述》,《中国矿业大学学报》

（社会科学版）2015 年第 5 期。

王喆、周凌一：《京津冀生态环境协同治理研究——基于体制机制视角探讨》，《经济与管理研究》2015 年第 7 期。

王震、郑中亮：《煤矿安全隐患闭环管理模式及系统架构研究》，《内蒙古煤炭经济》2023 年第 13 期。

吴国斌等：《突发公共事件扩散影响因素及其关系探析》，《武汉理工大学学报》（社会科学版）2008 年第 4 期。

吴坚：《跨界水污染多中心治理模式探索——以长三角地区为例》，《开发研究》2010 年第 2 期。

夏美武、赵军锋：《危机管理中多元协作的动力与阻力分析》，《江海学刊》2011 年第 6 期。

肖瑶等：《基于水功能区控制单元的流域突发性水污染事件风险评价区划及其应用》，《灾害学》2018 年第 3 期。

邢华：《我国区域合作治理困境与纵向嵌入式治理机制选择》，《政治学研究》2014 年第 5 期。

邢永健等：《基于风险场的区域突发性环境风险评价方法研究》，《中国环境科学》2016 年第 4 期。

徐元善、金华：《跨界公共危机碎片化治理的困境与路径选择》，《理论探讨》2015 年第 5 期。

许妍等：《太湖流域生态风险评价》，《生态学报》2013 年第 9 期。

薛澜、周玲：《风险管理："关口再前移" 的有力保障》，《中国应急管理》2007 年第 11 期。

薛鹏丽、曾维华：《上海市突发环境污染事故风险区划》，《中国环境科学》2011 年第 10 期。

阳文锐等：《生态风险评价及研究进展》，《应用生态学报》2007 年第 8 期。

杨龙、郑春勇：《地方合作在区域性公共危机处理中的作用》，《武汉大学学报》（哲学社会科学版）2011 年第 1 期。

杨妍、孙涛：《跨区域环境治理与地方政府合作机制研究》，《中国行政管理》2009 年第 1 期。

杨子晖等：《系统性金融风险文献综述：现状、发展与展望》，《金融研究》2022 年第 1 期。

殷冠羿等：《基于物质流分析的高集约化农区环境风险评价》，《农业工程学报》2015 年第 5 期。

尹振东：《垂直管理与属地管理：行政管理体制的选择》，《经济研究》2011 年第 4 期。

余俊波等：《基于区域合作视角下的流域治理生态模型构架及其应用研究》，《西北农林科技大学学报》（社会科学版）2011 年第 6 期。

詹国彬、许杨杨：《邻避冲突及其治理之道：以宁波 PX 事件为例》，《北京航空航天大学学报》（社会科学版）2019 年第 1 期。

张成福等：《跨域治理：模式、机制与困境》，《中国行政管理》2012 年第 3 期。

张紧跟、唐玉亮：《流域治理中的政府间环境协作机制研究——以小东江治理为例》，《公共管理学报》2007 年第 3 期。

张萍：《冲突与合作：长江经济带跨界生态环境治理的难题与对策》，《湖北社会科学》2018 年第 9 期。

张宇栋等：《城市管道系统风险分析及闭环管理研究》，《中国安全生产科学技术》2017 年第 2 期。

张玉磊：《跨界公共危机与中国公共危机治理模式转型：基于整体性治理的视角》，《华东理工大学学报》（社会科学版）2016 年第 5 期。

张玉磊：《整体性治理理论概述：一种新的公共治理范式》，《中共杭州市委党校学报》2015 年第 5 期。

张玉强：《政策“碎片化”：表现、原因与对策研究》，《中共贵州省委党校学报》2014 年第 5 期。

赵晓敏等：《闭环供应链管理——我国电子制造业应对欧盟

WEEE 指令的管理变革》，《中国工业经济》2004 年第 8 期。

赵昕昱等：《基于区块链技术的医院住院预交金线上闭环管理研究》，《卫生经济研究》2019 年第 12 期。

赵新全、周华坤：《三江源区生态环境退化恢复治理及其可持续发展》，《中国科学院院刊》2005 年第 6 期。

郑石明、吴桃龙：《中国环境风险治理转型：动力机制与推进策略》，《中国地质大学学报》（社会科学版）2019 年第 1 期。

郑雅方：《论长江大保护中的河长制与公众参与融合》，《环境保护》2018 年第 21 期。

《中国行政管理》编辑部：《用好大数据　打造政府防治模式》，《中国行政管理》2017 年专刊。

钟开斌、钟发英：《跨界危机的治理困境——以天津港“8·12”事故为例》，《行政法学研究》2016 年第 4 期。

周利敏：《从自然脆弱性到社会脆弱性：灾害研究的范式转型》，《思想战线》2012 年第 2 期。

周夏飞等：《东江流域突发水污染风险分区研究》，《生态学报》2020 年第 14 期。

朱正威等：《基于“脆弱性—能力”综合视角的公共安全评价框架：形成与范式》，《中国行政管理》2011 年第 8 期。

（三）报纸

冯之浚等：《循环经济与末端治理的范式比较研究》，《光明日报》2003 年 9 月 22 日第 4 版。

黄群慧：《从高速度工业化向高质量工业化转变》，《人民日报》2017 年 11 月 26 日第 5 版。

王芳：《以制度体系创新推进构建环境风险“全过程”治理机制》，《中国社会科学报》2018 年 1 月 11 日。

杨子佩：《闭环管理考验治理能力》，《经济日报》2020 年 2 月 11 日第 3 版。

叶海涛：《将制度优势转化为生态环境治理效能》，《光明日报》

2020 年 1 月 17 日第 11 版。

祝乃娟：《把生态环境风险防范纳入常态化管理》，《21 世纪经济报道》2018 年 5 月 30 日第 4 版。

张璐璐：《莱茵河流域治理对我国流域管理的经验借鉴》，《光明日报》2014 年 6 月 25 日第 16 版。

张小明：《脆弱性评估：危机管理关口前移》，《学习时报》2015 年 11 月 2 日第 5 版。

赵建峰：《加强行政处罚信息公开闭环管理》，《中国环境报》2020 年 8 月 3 日第 3 版。

周佩德：《建立危险废物闭环管理体系》，《中国环境报》2019 年 8 月 19 日第 3 版。

（四）学位论文

陈祎琳：《流域跨界协同治理法律机制研究》，硕士学位论文，上海师范大学，2019 年。

底志欣：《京津冀协同发展中流域生态共治研究——基于洵河流域的案例分析》，博士学位论文，中国社会科学院研究生院，2017 年。

李爽：《环境邻避风险扩散机理及管控策略研究》，硕士学位论文，浙江财经大学，2018 年。

秦红：《京津冀区域水污染协同防治法律问题研究》，硕士学位论文，河北大学，2017 年。

孙名浩：《河长制下公众参与流域治理法律机制研究》，硕士学位论文，中南林业科技大学，2019 年。

王大伟：《农村公共产品协同供给机制研究》，博士学位论文，哈尔滨工业大学，2009 年。

王俊燕：《流域管理中社区和农户参与机制研究》，博士学位论文，中国农业大学，2017 年。

王晴：《文登区消费者对有机农产品购买意愿及影响因素的研究》，硕士学位论文，山东理工大学，2020 年。

王婉青：《基于FTF方法的高压输气管道可靠性研究及事故分析》，硕士学位论文，昆明理工大学，2017年。

薛颖：《跨界水污染治理中的地方政府合作研究——以洪泽湖水污染治理为例》，硕士学位论文，南京理工大学，2017年。

叶汉雄：《基于跨域治理的梁子湖水污染防治研究》，博士学位论文，武汉大学，2011年。

于红：《跨域水污染政府协同治理的行动逻辑和效果评价》，博士学位论文，山东大学，2022年。

张玎：《矿井安全隐患识别及其闭环管理模式研究》，博士学位论文，中国矿业大学（北京），2009年。

祝慧娜：《基于不确定性理论的河流环境风险模型及其预警指标体系》，博士学位论文，湖南大学，2012年。

邹向炜：《基于流程化的煤矿安全生产风险控制系统研究》，博士学位论文，中国矿业大学（北京），2015年。

（五）其他

韩俊：《要加强优质绿色农产品供给》，http：//finance. sina. com. cn/zl/china/2017-07-04/zl-ifyhrxsk1689769. shtml。

李思倩：《为何污染企业喜欢在省交界处扎堆》，https：//wenku. so. com/d/094a37e6151ed29247a070eba6b8bf84。

马爱平：《2019年乡村休闲旅游接待游客约32亿人次》，中国科技网，https：//www. sogou. com/link？url=LeoKdSZoUyCR0XzvHpUJIeBT27h2AG_QALPkQdlmpvjXmDoZ0kx0bDLsylyjniMUx89lvNWH4HVRNU2FooPXKtM7Xe6uZ5eq。

於方等：《建立上下游联防联控机制 防范重大生态环境风险》，环保在线，http：//znht. ccgc. cn/zxgg/zcjd/2020-05-18/1690. html。

智研咨询：《2022—2028年中国乡村振兴战略产业发展态势及投资决策建议报告》，http：//t. 10jqka. com. cn/pid_246977124. shtml，2022-10-27。

周凯等：《“锰患”之猛》，https：//www. sohu. com/a/31300

5431_267106。

二 外文文献

Ansell C., et al., "Managing Trans-boundary Crises: Identifying the Building Blocks of an Effective Response System", *Journal of Contingencies and Crisis Management*, No. 4, 2010.

Arjen Boin, Martin Lodge, "Designing Resilient Institutions for Transboundary Crisis Management: A Time for Public Administration", *Public Administration*, No. 2, 2016.

Barbara Adam, et al., *The Risk Society and Beyond: Critical Issues for Social Theory*, London: SAGE Publications, 2000.

Barry Smith, Johanna Wandel, "Adaptation, Adaptive Capacity and Vulnerability", *Global Environmental Change*, No. 3, 2006.

Beck, U., *Risk Society: Toward a New Modernity*, London: SAGE Publications, 1992.

Bendow J., "Challenges of Transboundary Water Management in the Danube River Basin", *International Water Resource*, No. 46, 2005.

Blaikie P. T., et al., *At Risk: Natural Hazards, People's Vulnerability, and Disasters*, London: Routledge, 1994.

Božidar S., Milena J. S., "Chemical and Radiological Vulnerability Assessment in Urban Areas", *Spatium*, No. 13, 2006.

Burton G. A., et al., "Weight-of-Evidence Approaches for Assessing Ecosystem Impairment", *Human and Ecological Risk Assessment*, No. 7, 2002.

Chunhong Zhao, et al., "A Comparison of Integrated River Basin Management Strategies: A Global Perspective", *Physics and Chemistry of the Earth*, No. 89, 2015.

Cooper D., Chapman C., *Risk Analysis for Large Projects: Models, Methods and Cases*, Wiley: Cambridge, 1987.

Dandan Z., et al., "Research on the Allocation of Flood Drainage

Rights of the Sunan Canal Based on a Bi-level Multi-objective Programming Model", *Water*, No. 9, 2019.

DEPC, "Establishing a Framework for Community Action in the Field of Water Policy", *Official Journal of the European Communities*, No. 1, 2000.

DRBC, 2016 *Delaware River and Bay Water Quality Assessment*, West Trenton: DRBC, 2016.

Duvivier C., Xiong, H., "Transboundary Pollution in China: A Study of Polluting Firms' Location Choices in Hebei Province", *Environment and Development Economics*, No. 4, 2013.

EMCA, "Public Law 104 - 321. Accessed Aug. 4, 2014", U. S. Government Printing Office, Oct. 3, 1996. http://www.gpo.gov/fdsys/pkg/PLAW-104publ321/pdf/PLAW-104publ321.pdf.

Flapper, S. D. P., et al., *Managing Closed-Loop Supply Chains*, Berlin: Springer Verlag, 2004.

Gallegoayala J., Juizo D., "Performance Evaluation of River Basin Organizations to Implement Integrated Water Resources Management Using Composite Indexes", *Physics and Chemistry of the Earth*, No. 51, 2012.

Garrett Hardin, "The Tragedy of the Commons", *Science*, No. 12, 1968.

Gianfranco Poggi, *The State: Its Nature, Development and Prospects*, Stanford: Stanford University Press, 1990.

Giubilato E., et al., "A Risk - based Methodology for Ranking Environmental Chemical Stressors at the Regional Scale", *Environment International*, No. 65, 2014.

Guide V. D. R., Wassenhove L. N. V., *Business Aspects of Closed-Loop Supply Chains*, Pittsburgh: Carnegie Mellon University Press, 2003.

Gordon White, "Prospects Civil Society in China: A Case Study of

Xiaoshan City", *Australian Journal of Chinese Affairs*, No. 29, 1993.

Green O. O., et al., "Resilience in Transboundary Water Governance: The Okavango River Basin", *Ecology & Society*, No. 2, 2013.

Grossman G. M., Krueger A. B., "Economic Growth and the Environment", *The Quarterly Journal of Economics*, No. 2, 1995.

Hakanson L., "An Ecological Risk Index for Aquatic Pollution Control: A Sediment Logical Approach", *Water Research*, No. 8, 1980.

Hunsaker C. T., "New Concepts in Environmental Monitoring: The Question of Indicators", *The Science of the Total Environment*, No. 134, 1993.

Hunsaker C. T., et al., "Assessing Ecological Risk on a Regional Scale", *Environmental Management*, No. 14, 1990.

Islam M. A., "Contamination and Ecological Risk Assessment of Trace Elements in Sediments of the Rivers of Sundarban Mangrove Forest, Bangladesh", *Marine Pollution Bulletin*, No. 59, 2017.

Jilani S., Altaf Khan M., "Biodegradation of Cypermethrin by Pseudomonas in a Batch Activated Sludge Process", *Int. J. Environ. Sci. Technol*, No. 4, 2006.

Julie L., et al., "Water Policy on SDG6. 5 Implementation: Progress in Integrated & Transboundary Water Resources Management Implementation", *World Water Policy*, No. 1, 2020.

Kappos A. D., "Standardization of Procedures and Structures for Risk Evaluation in Germany: The Work of the Risk Commission", *International Journal of Hygiene & Environmental Health*, No. 3, 2003.

Kasperson R. E., et al., *Corporate Management of Health and Safety Hazards: A Comparison of Current Practice*, Boulder, CO: Westview Press, 1988.

Kooiman J., Bavinck M., "Govemance Perspective", in Kooiman et al. (eds.), *Fish for Life: Interactive Govemance for Fisheries*,

Amsterdam: Amsterdam University Press, 2005.

Landis W. G., Wiegers J. A., "Design Considerations and a Suggested Approach for Regional and Comparative Ecological Risk Assessment", *Human and Ecological Risk Assessment*, No. 3, 1997.

Leonie J., "Catchment Management: Market Mechanisms to Nudge Better Management of the World's Watersheds", *Water Wheel*, No. 3, 2017.

Lisa Pizzol, et al., "Regional Risk Assessment for Contaminated Sites Part 2: Ranking of Potentially Contaminated Sites", *Environment International*, No. 8, 2011.

Lis J., et al., "Dynamics and Ecological Risk Assessment of Chromophoric Dissolved Organic Matter in the Yinma River Watershed: Rivers, Reservoirs, and Urban Waters", *Ecotoxicology and Environmental Safety*, No. 142, 2017.

Lubell M., et al., "Watershed Partnerships and the Emergence of Collective Action Institutions", *American Journal of Political Science*, No. 1, 2002.

Lyndall J., et al., "Evaluation of Triclosan in Minnesota Lakes and Rivers: Part Ⅰ: Ecological Risk Assessment", *Ecotoxicology and Environmental Safety*, No. 142, 2017.

Margaret G. Hermann, Bruce W. Dayton, "Transboundary Crises through the Eyes of Policymakers: Sense Making and Crisis Management", *Journal of Contingencies and Crisis Management*, No. 4, 2009.

McEntire D. A., "Triggering Agents, Vulnerabilities and Disaster Reduction: Towards a Holistic Paradigm", *Disaster Prevention and Management*, No. 3, 2001.

Mishra B. K., et al., "Assessment of Bagmati River Pollution in Kathmandu Valley, Scenario-based Modeling and Analysis for Sustainable Urban Development", *Sustainability of Water Quality and Ecology*,

No. 10, 2017.

Martin A. Kalis, "EMAC and Environmental Health in Emergency Response", *Journal of Environmental Health*, No. 10, 2007.

OECD, *OECD Guiding Principles for Chemical Accident Prevention, Preparedness and Response* (*Second edition*), Paris: OECD Publications Service, 2003.

OECD, *The Knowlege-based Economy*, Paris: OECD Publications Service, 1996.

Pereira A. S., et al., "Ecological Risk Assessment of Imidacloprid Applied to Experimental Rice Fields: Accurateness of the RICEWQ Model and Effects on Ecosystem", *Ecotoxicology and Environmental Safety*, No. 14, 2017.

Piet Strydom, *Risk*, *Environment and Society*, Buckingham: Open University Press, 2002.

Pintér G. G., "The Danube Accident Emergency Warning System", *Water Science & Technology*, No. 10, 1999.

Robert S. Kaplan, David P. Norton, *Mastering the Management System*, Boston: Harvard Business School Press, 2008.

Salvi Olivier, Debray Bruno, "A Global View on ARAMIS A Risk Assessment Methodology for Industries in the Framework of the SEVESO Ⅱ Directive", *Journal of Hazardous Materials*, No. 130, 2006.

Shi Y. J., et al., "Regional Multi-compartment Ecological Risk Assessment: Establishing Cadmium Pollution Risk in the Northern Bohai Rim, China", *Environment International*, No. 94, 2016.

Silva E. C. D., Caplan A. J., "Transboundary Pollution Control in Federal Systems", *Journal of Environmental Economics and Management*, No. 2, 1997.

Souza Porto M. F. D. S., Freitas C. M. D., "Vulnerability and Industrial Hazards in Industrializing Countries: An Integrative Approach", *Futures*, No. 7, 2003.

Stewart R. B., "A New Generation of Environmental Regulation?", *Capital University Law Review*, No. 21, 2001.

Suter Ⅱ G. W., *Ecological Risk Assessment in National Research Council in the Federal Government: Managing the Process*, Washington D. C.: National Academy Press, 1993.

Talib, Jusuf, "Indonesia Disaster Preparedness and Disaster Management: Report Submitted to the ESCAP/UNDRO Symposium on International Decade for Natural Disaster Reduction (IDNDR)", Bangkok, 1991.

Tanaka Y., "Ecological Risk Assessment of Pollutant Chemicals: Extinction Risk Based on Population - level Effects", *Chemosphere*, No. 4, 2003.

Tixier J., Dandrieux A., "Environmental Vulnerability Assessment in the Vicinity of an Industrial Site in the Frame of ARAMIS European Project", *Journal of Hazardous Materials*, No. 3, 2006.

Turnheim B., Tezcan M. Y., "Complex Governance to Cope with Global Environmental Risk: An Assessment of the United Nations Framework Convention on Climate Change", *Science and Engineering Ethics*, No. 3, 2010.

USEPA, *An Examination of EPA Risk Assessment Principles and Practices*, Washington DC: United States Environmental Protection Agency, 2001.

USEPA, *Framework for Ecological Risk Assessment*, Washington D. C.: United States Environmental Protection Agency, 1992.

USEPA, *Guidelines for Ecological Risk Assessment*, Washington D. C.: United States Environmental Protection Agency, 1998.

US NRC, "A Guide to the Performance of Probabilistic Risk Assessments for Nuclear Power Plant", WASH - 1400 (NUREG - 75/

014), 1975.

Van Egteren H., "Maximum Victim Benefit: A Fair Division Process in Transboundary Pollution Problems", *Environmental and Resource Economics*, No. 4, 1997.

Walmsley N., Pearce G., "Towards Sustainable Water Resources Management: Bringing the Strategic Approachup-to-date", *Irrigation Drainage System*, No. 24, 2010.

Wang H., "Systematic Analysis of Corporate Environmental Responsibility: Elements, Structure, Function, and Principles", *Chinese Journal of Population, Resources and Environment*, No. 2, 2016.

Wiegers J. K., et al., "A Regional Multiple-stressor Rank-based Ecological Risk Assessment for the Fjord of Port Valdez, Alaska", *Human and Ecological Risk Assessment*, No. 5, 1998.

William L., Waugh Jr., "EMAC, Katrina, and the Governors of Louisiana and Mississippi", *Public Administration Review*, No. 12, 2007.

Yoshikazu M., et al., "The Social Market of Watershed Management for Control of the Soil Discharge and Preservation of the Coral Reef in Okinawad District", *Environmental Systems Research*, No. 35, 2010.